旱作马铃薯
绿色高产高效栽培技术

姚亚妮　王元元　白永强　蒇敏强　主编

中国农业科学技术出版社

图书在版编目（CIP）数据

旱作马铃薯绿色高产高效栽培技术 / 姚亚妮等主编. -- 北京：中国农业科学技术出版社，2024.9. -- ISBN 978-7-5116-7076-2

Ⅰ.S532

中国国家版本馆CIP数据核字第20242KA109号

责任编辑	李　华
责任校对	李向荣
责任印制	姜义伟　王思文

出 版 者	中国农业科学技术出版社
	北京市中关村南大街12号　邮编：100081
电　　话	（010）82109708（编辑室）　（010）82106624（发行部）
	（010）82109709（读者服务部）
网　　址	https://castp.caas.cn
经 销 者	各地新华书店
印 刷 者	中煤（北京）印务有限公司
开　　本	170 mm×240 mm　1/16
印　　张	9
字　　数	152千字
版　　次	2024年9月第1版　2024年9月第1次印刷
定　　价	59.80元

◆ 版权所有·侵权必究 ◆

《旱作马铃薯绿色高产高效栽培技术》
编委会

主　编：姚亚妮　王元元　白永强　蔄敏强

副主编：赵　祥　马彩霞　蔡晓波　姚　妮

　　　　尹　晶　王永奇　赵希远　康　义

　　　　马利军

前 言

马铃薯由于营养丰富、用途广、生育期短、产量高、抗逆性强、经济效益好等特点，素有"地下苹果""第二面包"之称，已成为世界范围内不可或缺的粮菜作物，种植面积仅次于小麦、水稻、玉米，位列第四位，也是我国各地特别是高寒地区的主要作物和老百姓喜爱的营养食品，年均种植面积8 000万亩以上，产量（以原粮计）占全国粮食总产量的3.2%。随着我国马铃薯主粮化战略的启动实施，进一步为马铃薯产业提供了更加广阔的发展空间。

宁夏南部山区的气候、土壤、生产条件非常适合马铃薯的生长发育，是种植生产优质马铃薯的"天然良港"。历经30多年的发展，已经成为当地最具优势的特色支柱产业，达到年均种植210万亩、总产300万t的规模，渐次走上品种专用化、种薯脱毒化、栽培标准化、病害防控专业化、耕种机械化、贮藏高效化的产业化发展道路。

据中国农业科学院专家试验测定得出的结论，宁夏南部山区马铃薯生产具备每亩单产6.62t的高产能力，目前生产潜力还没有充分发挥出来，亟须通过进一步大规模科技培训，推广种植优良品种和应用高产栽培新技术等，破解制约当地马铃薯高产潜力的瓶颈问题。

本书针对当前马铃薯生产中存在的品种更新不快、高产栽培技术应用不广、病虫害防控措施不强等问题，详细介绍了马铃薯生长发育特性、脱毒种薯繁育、配套栽培和病虫害综合防治、贮藏保鲜等技术，通俗易懂、简明扼要、图文并茂，实用性和可操作性强，对提高农民科技文化素质，促进马铃薯优质高效生产，带动农业发展、农村进步、农民富裕都很有裨益。

由于马铃薯栽培区域自然条件和生产水平差异较大，加之作者水平有限，书中难免存在不足之处，敬请商榷和指正。

编 者
2024年6月

目 录

第一章 马铃薯生产概况 ………………………………………… 1
第一节 世界马铃薯生产概况 ……………………………… 2
第二节 中国马铃薯生产概况 ……………………………… 2
第三节 宁夏马铃薯生产概况 ……………………………… 4

第二章 马铃薯生长发育特征特性 ……………………………… 7
第一节 马铃薯形态特征 …………………………………… 7
第二节 马铃薯生物学特性 ………………………………… 13
第三节 马铃薯发育的适宜环境 …………………………… 16

第三章 马铃薯品种介绍 ………………………………………… 20
第一节 鲜食型品种 ………………………………………… 20
第二节 淀粉加工型品种 …………………………………… 24
第三节 油炸加工型品种 …………………………………… 30

第四章 脱毒种薯繁育技术 ……………………………………… 34
第一节 马铃薯的退化及其防治途径 ……………………… 34
第二节 马铃薯脱毒种薯繁育体系 ………………………… 38
第三节 原原种繁育技术 …………………………………… 40
第四节 原种高产栽培技术 ………………………………… 46
第五节 一级种薯繁育技术 ………………………………… 48

第五章 马铃薯配套栽培技术 …………………………………… 50
第一节 马铃薯栽培技术要点 ……………………………… 50
第二节 宁夏马铃薯栽培特点 ……………………………… 61
第三节 加工马铃薯栽培技术要点 ………………………… 62

第四节　旱地马铃薯优质高产高效栽培技术 …………………… 64
　　第五节　水地马铃薯优质高产高效栽培技术 …………………… 68
　　第六节　马铃薯平种垄植技术 …………………………………… 70
　　第七节　马铃薯机械化种植技术 ………………………………… 74
　　第八节　马铃薯高效节水全程机械化生产技术 ………………… 76
　　第九节　早熟马铃薯小拱棚生产技术 …………………………… 81
　　第十节　马铃薯地膜覆盖种植技术 ……………………………… 83
　　第十一节　马铃薯起垄覆膜覆土栽培技术 ……………………… 85
　　第十二节　马铃薯机械化起垄覆膜膜面集雨栽培技术 ………… 86
　　第十三节　特殊栽培法 …………………………………………… 87

第六章　马铃薯主要病虫害及其防治 ………………………………… 96
　　第一节　马铃薯真菌性病害 ……………………………………… 96
　　第二节　马铃薯细菌性病害 ……………………………………… 100
　　第三节　马铃薯病毒性病害 ……………………………………… 101
　　第四节　马铃薯主要害虫 ………………………………………… 104
　　第五节　马铃薯病虫害综合防治 ………………………………… 112

第七章　马铃薯贮藏保鲜技术 ………………………………………… 115
　　第一节　马铃薯贮藏特性 ………………………………………… 115
　　第二节　马铃薯贮藏方式 ………………………………………… 116
　　第三节　马铃薯收获与贮藏技术 ………………………………… 118
　　第四节　马铃薯贮藏管理技术 …………………………………… 119
　　第五节　马铃薯药剂保鲜技术 …………………………………… 120

参考文献 ………………………………………………………………… 121

附录　马铃薯种薯产地检疫规程（GB 7331—2003） ……………… 122

第一章

马铃薯生产概况

马铃薯是21世纪最有发展前景的高产经济作物之一，也是重要营养健康食品之一。马铃薯营养丰富，素有"地下苹果""第二面包"之称，是世界粮食市场上一种主要食品。据美国权威机构报道，只食用全脂奶粉和马铃薯制品，就能提供人体所需的一切营养成分。

马铃薯发源于南美洲，印第安人称之为"巴巴司"，在人民生活中有着十分重要的地位，被尊奉为"丰收之神"。17世纪，明朝末年马铃薯传入中国，最早引种到华北的北京、天津和山东栽培，以后推广到内蒙古，并由传教士带到山西、陕西等地种植，以后华北及东北逐渐普及，故名洋山芋、洋芋、山药蛋等。而南方诸省则是明朝万历四十七年至清康熙元年，即1619—1662年，荷兰殖民者侵占我国台湾时带到台湾种植。郑成功率领的中国船队七下西洋，沟通了太平洋和印度洋，即称为"海上丝绸之路"，成为华侨往来东南亚的通道。华侨在商贸往来中把马铃薯从南洋群岛引入福建、广东诸省，称为"荷兰薯""爪哇薯"，从此马铃薯进入了中国的广阔天地。据考证，19世纪，我国10多个省50多个地方志中均有关于马铃薯的记载。而当时云南、贵州、山西、陕西等省的高寒山区已在大量栽培马铃薯。公元1700年（清康熙三十九年），《松溪县志》已有马铃薯的记载。公元1882年，我国植物分类学家吴其濬在其《植物名实图考》中描述马铃薯为"味似芋而甘，似薯而淡，羹膳煨灼，无不宜之"。还说，"山西种之为田，俗呼山药蛋，尤硕大""闻终南山氓，种植尤繁，富者岁收数百石"。农谚说："五谷不收也不患，只要有二亩山药蛋"。说明马铃薯很久以前就是一种减灾备荒的好庄稼，作为普通食品深受老百姓的欢迎。

第一节　世界马铃薯生产概况

马铃薯是世界第四大粮食作物，主要分布在亚洲和欧洲。全世界现有马铃薯种植面积41.4亿亩，总产2.95亿t，平均单产1 067kg/亩。亚洲种植面积最大，占世界种植面积的45%；其次为欧洲，种植面积占世界种植面积的38.8%。在世界各国以中国马铃薯种植面积最大，为9 500万亩，其次为俄罗斯、印度、乌克兰、波兰。

世界上马铃薯单产最高的国家为荷兰，平均单产已达2 866.7kg/亩，其次为美国2 533.3kg/亩、德国2 333.3kg/亩。发达国家马铃薯单产比发展中国家高2~3倍。

世界上马铃薯主要用途为食用，其中，炸薯片、薯条等马铃薯食品加工业占总产量的10%~20%，淀粉及其制品加工占30%~40%，鲜食占20%~30%，种薯占10%，损耗占10%。

第二节　中国马铃薯生产概况

马铃薯是中国继玉米、水稻、小麦之后的第四大粮食作物，是解决粮食安全的重要保障。马铃薯营养全面、产量高，是我国广大地区老百姓喜爱的重要食品。2022年马铃薯种植面积8 298万亩，鲜薯产量9 276.25万t，占全国粮食作物总面积的4.97%，产量（以原粮计）占粮食总产量的3.15%。中国是世界上马铃薯生产第一大国，约占世界马铃薯总面积的1/40，占亚洲的70%，总产量约占世界的1/5。

一、中国马铃薯生产的特点

（一）生产面积继续增加

从1991年的4 319万亩到2022年的8 298万亩，21年间马铃薯面积的增长幅度为95.06%，年均增加面积189万亩，增加面积较大的是中原地区和南方稻作区。

（二）单产不断提高

与1991年相比，单产从733kg/亩增加到2022年的1 117.9kg/亩，增长幅度达52.5%。

（三）加工贮藏能力快速提高

目前我国马铃薯加工企业约5 000家，其中，大规模深加工企业近150家。2022年我国大宗加工鲜食300万~370万t，占马铃薯总产量的3.6%~4.5%。全国淀粉加工能力150万t，产量3 540万t。我国马铃薯窖藏能力自2008年开始大幅度提高，三北（东北、华北、西北）各类贮藏总量已占马铃薯总产量的50%以上，贮藏期间平均损失率为10%~15%。

（四）马铃薯消费持续增加

根据FAO统计，2009年马铃薯消费量为7 368.74万t，比1991年增加4 298.8万t，增幅为140.02%，年均增长4.98%。年人均马铃薯消费量从1991年的12.4kg增加至2022年的36.8kg，增幅196.77%，年均增长6.23%。长期以来，我国马铃薯消费主要以食用为主，占马铃薯消费总量的60%~70%，包括鲜食消费和饲用消费。近年来又发展种薯消费，按照2022年马铃薯种植面积8 298万亩计，需脱毒种薯1 200万t，实际供应量仅350万t，缺口850万t。进入21世纪以后，中国马铃薯产品进出口总额持续上升，联合国贸易数据显示，2022年我国马铃薯产品出口额为1.86亿美元，比2001年的0.18亿美元增长近10倍，年平均增幅23.84%；进口贸易额1.77亿美元，比2001年的0.75亿美元增长2.38倍，年平均增幅8.19%。随着我国马铃薯贸易特别是出口贸易的增加，我国马铃薯出口额所占世界份额从2001年的0.37%增加到2022年的1.52%。从出口产品结构来看，鲜马铃薯产品占出口总额的70%以上，其次为冷冻马铃薯，占出口总额的12.7%。从进口产品结构来看，冷冻马铃薯占绝对主导，占马铃薯产品进口额的65%以上，其次为马铃薯淀粉，占进口额的23.9%。我国马铃薯出口对象国和地区主要是越南、马来西亚、印度尼西亚、新加坡、俄罗斯及中国香港。我国马铃薯进口来源地集中，冷冻马铃薯进口主要来自美国、加拿大、新西兰、比利时和荷兰，马铃薯淀粉的进口主要来自荷兰、丹麦、德国和法国。

二、中国马铃薯种植区划

根据地理位置、生态条件、栽培特点可将我国马铃薯的种植区划为四大区域。

一是北方一季作区，包括黑龙江、吉林、辽宁北部、内蒙古、河北北部、山西北部、陕西北部、宁夏、甘肃、青海和新疆。

二是中原春、秋二季作区，包括辽宁、河北、山西、陕西等省的南部，以及湖北、湖南、河南、山东、江苏、浙江和江西。

三是西南单双季混作区，包括云南、贵州、四川、西藏及湖南、湖北部分地区。

四是南方秋、冬二季作区，包括广西、广东、福建、海南和中国台湾。

我国马铃薯的主产区为北方一季作区，占全国马铃薯种植总面积的70%以上。2022年马铃薯种植面积最大的是四川，种植面积为1 173万亩，其次为甘肃，种植面积为1 021.5万亩。超过400万亩的省（区、市）有内蒙古、贵州、云南、黑龙江、重庆、山西、陕西和云南。北方一季作区也是中国主要的种薯生产基地。

第三节　宁夏马铃薯生产概况

宁夏种植马铃薯历史悠久，主要产区集中在南部山区和中部干旱带，引黄灌区种植面积较少，以早熟菜用型马铃薯为主。20世纪80年代以前，马铃薯主要为粮食的替代品，是解决山区农民救灾度饥荒的"救命蛋"。现在，随着消费趋向的改变和加工业的迅速发展，马铃薯已作为重要的工业原料和绿色健康食品走向市场，成为农民脱贫致富、走向小康的重要支柱产业和收入来源。宁夏马铃薯产业发展呈现以下几个特点。

一、种植面积逐年增加

20世纪80年代以前，宁夏马铃薯种植面积约100万亩，90年代以后，由于农业结构调整、淀粉加工业带动和气候变化影响，宁南山区马铃薯种植面积迅速扩大。"九五"期间年均达到148.38万亩。2003年进一步扩大到193.54万亩,占到粮食作物播种面积的29.0%,农民人均接近1亩。到2022年,种植面积达到200万亩,占当地粮食总播种面积的20.4%,成为宁夏第二大种植作物,2023年以来种植面积稳定在210万亩。

二、单产明显提高

在种植面积迅速扩大的同时,由于农业基础条件的改善,生产投入的增加,使单产水平明显提高。固原市平均亩产鲜薯由"七五"期间的503.4kg提高到"八五"期间的586.1kg、"九五"期间的697.7kg、2002年的972.4kg、2022年的1 350kg。单产增幅为28%。

三、脱毒种薯繁育已成规模

宁夏马铃薯脱毒种薯繁育体系基本建立健全。在宁夏回族自治区林业研究所、农技推广总站建起了病毒检测中心;2007年固原市农业科学研究所确定为宁夏马铃薯脱毒种苗供应中心,在宁夏回族自治区农垦局马铃薯种薯繁育中心、泾源县马铃薯脱毒繁育中心、原州区天启薯业有限公司、西吉县恒丰农业综合开发有限公司、海原县马铃薯种薯繁育中心建成了5家脱毒繁育中心。2022年,宁夏马铃薯脱毒种薯繁育体系共繁育原原种1.2亿粒;建立原种基地2.25万亩,生产原种2.99万t;建立一级种薯繁育基地22.5万亩,生产一级种薯33.3万t;落实推广一级种薯示范村200个,一级种薯示范推广面积68.85万亩。

四、品种布局不断优化

以宁夏引黄灌溉区、中部干旱带扬黄灌溉区和南部山区河谷川道区为主形成优质早熟商品薯生产基地,主栽品种为克新1号、宁薯17号、费乌瑞它(荷兰7号)、夏波蒂、希森6号、雪育23号、冀张薯12号,面积约80万亩;以南部山区半干旱、半阴湿区为主的淀粉加工薯生产基地,主栽品种为陇薯7号、宁薯18号、宁薯19号、宁薯20号、青薯9号、陇薯7号等,面积约100万亩;以南部阴湿区为主的晚熟菜用薯生产基地,主栽品种为青薯9号、宁薯16号等,面积约为100万亩;以六盘山麓海拔1 900～2 200m冷凉区为主的马铃薯脱毒种薯生产基地，面积为25万亩。

五、先进种植技术进一步推广应用

以平种垄植、地膜覆盖、全程机械化作业等新栽培技术和种植方式示范、推广面积逐年扩大，推广面积逐年增加；实行优化配方施肥，肥料用量增加，施肥方式改进；加强病害的预测预报和综合防治，有效控制了晚疫病、环腐病等主要病害的发生。

六、马铃薯加工业初具规模

截至2022年，为解决马铃薯淀粉厂水污染问题，宁夏关停了3 000多家污染严重的小作坊，整合重组淀粉加工企业，加大企业技术改造力度，精深加工能力不断扩大，现有淀粉加工企业273家，国家级龙头企业1家，自治区级龙头企业14家。精淀粉加工生产能力达到40万t，同时也形成了马铃薯全粉、马铃薯饼干、炸薯片等加工企业，马铃薯年加工转换能力达到100万t以上，加工转换度达到35%。目前，宁夏马铃薯大致形成了加工消化35%、自食饲用40%、外销贩运15%、留种10%的利用格局，其中加工消化比例比全国平均水平高出近15个百分点。

七、市场体系逐步健全

总体来看，宁夏马铃薯及其加工产品销路宽，销售顺畅，其中部分产品市场需求旺盛，价格较高；加工、营销企业利润空间较大，经济效益较好。近年来，通过积极培育和发展农民专业合作组织，扶持鼓励马铃薯龙头企业、专业合作组织、运销大户创建品牌，实现品牌化销售；通过投资建设标准化贮藏窖3.5万座，新增贮藏能力120万t，总贮藏能力达到180万t；宁夏全区建成马铃薯综合批发市场17家。年外销马铃薯鲜薯100万t，外销种薯5万t。鲜薯销往全国各地及东南亚、中东、俄罗斯等市场。

第二章

马铃薯生长发育特征特性

第一节 马铃薯形态特征

一、马铃薯生活史

1. 从块茎到块茎

新收获后的块茎，存入贮藏窖，需经过1~3个月的时间度过休眠开始萌发；萌发的块茎播种土壤后，一般需要20~35d在地下生长，顶土出苗，通过前期幼苗生长后，植株现蕾开花，进而形成新的块茎，块茎快速膨大，植株干枯死亡，收获新块茎（图2-1）。

2. 从种子到种子

种子（指收获地上部浆果内的籽粒）度过休眠后，播种萌发、出苗，进入幼苗生长，植株发育经过现蕾、开花、受精后，形成新的果实即新种子（图2-2）。

图2-1 从块茎到块茎示意图

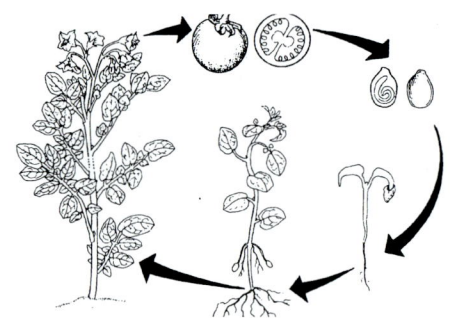

图2-2　从种子到种子示意图

二、形态特征

马铃薯植株形态见图2-3。

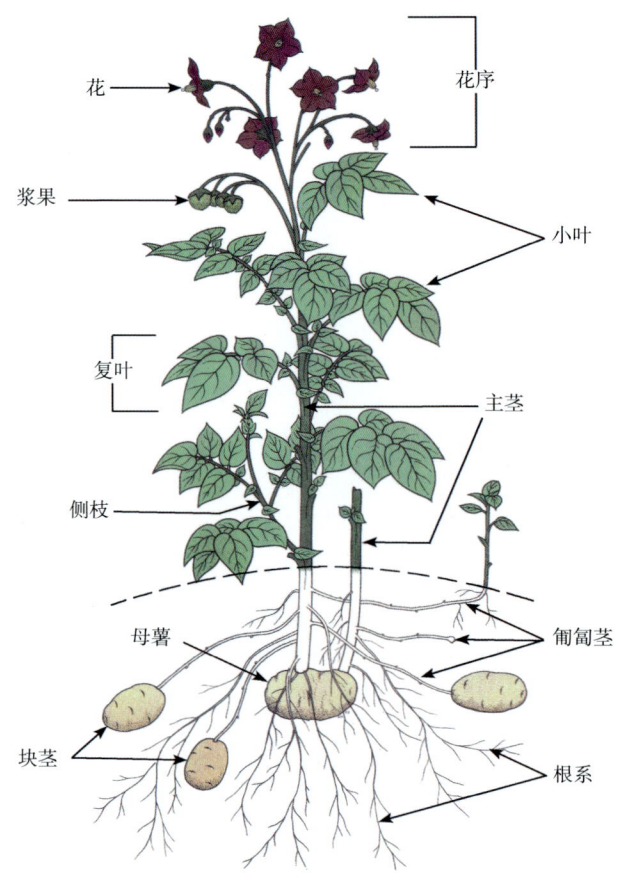

图2-3　马铃薯植株形态

1. 根

马铃薯的根分为两种,一是以块茎作为繁殖材料,这时从块茎所发生的根系均为不定根,没有主根和侧根之分,称为须根系。二是用真正种子进行繁殖所发生的根系,有主根和侧根之分,称为直根系。

须根系:马铃薯种薯块茎的发育,首先是芽眼萌动、发芽,当芽伸长到0.5~1.0cm时,在芽眼基部开始发育根系,并以大于幼芽的生长速度迅速发育,在出苗之前就能形成强大的根系,这种由幼芽基部发生的须根叫芽眼根。随着幼芽的发育,地下茎上部各节间也不断发生不定根,称之为匍匐根,一般为白色,主要分布在土壤表层30cm以内,一般不超过70cm,而匍匐根大都分布在土壤表层10cm内(图2-4)。

图2-4 须根系示意图

直根系:由马铃薯实生种子萌发的实生苗根系,可形成主根和侧根,发育成主根系(图2-5)。

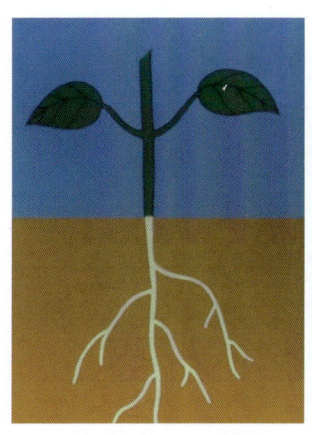

图2-5 直根系示意图

2. 茎

马铃薯的茎包括地上茎、地下茎、匍匐茎和块茎（图2-6）。

地上茎：马铃薯块茎萌发后，幼芽出土发育成的地上部枝条，就称为地上茎。因品种不同，地上茎有三棱、四棱或多棱之分。棱上着生突起的茎翼，茎翼的形态常常是区别品种的重要特征之一。地上茎一般高度为40～100cm，并根据品种的特点，产生数目不等的分枝。

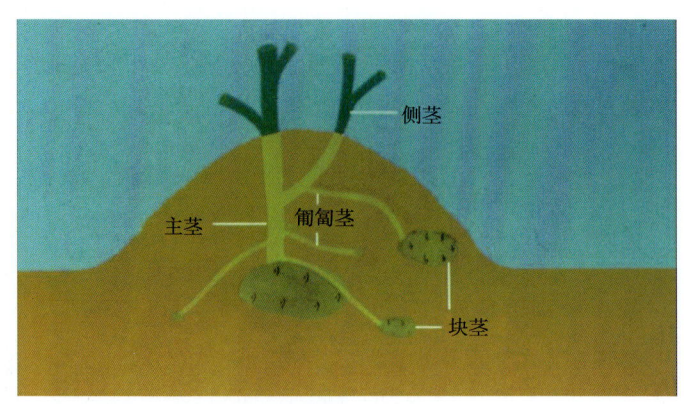

图2-6 茎示意图

地下茎：就是埋在土壤里的主茎，也是马铃薯的结薯部位。地下茎的长短受播种深度的影响，一般为10cm左右有6～8个节。地下茎腋芽可发育成匍匐茎，进而形成块茎。

匍匐茎：由地下茎上的腋芽发育形成，是形成块茎的器官。匍匐茎一般在出苗后开始发育，但在北方一作区因土壤温度低导致出苗较迟，往往在出苗前就形成匍匐茎。匍匐茎生长发育到一定程度后，在顶端开始膨大形成块茎。匍匐茎具有向地性和背光性，一般分布在地表下5～20cm的土层内，长度在3～10cm。匍匐茎短是品种的优良性状之一。在高温多湿的条件下，匍匐茎可能长出地面形成枝条。实生苗的匍匐茎是在地上部产生的，先沿地面生长，然后钻入土壤中继续生长发育，不断形成新的匍匐茎。

块茎：由地下匍匐茎顶端膨大形成，它既是营养器官，又是繁殖器官，是缩短而肥大的变态茎。在块茎上也有变态的叶痕和腋芽，分别称之为芽眉和芽眼。每个芽眼有3～6个芽，块茎最顶端的一个芽眼较大，称为顶芽，其余为侧芽。低温和短日照条件有利于块茎的生长发育。收获后的块茎往往处于休眠状态。块茎的形状、表皮颜色和薯肉颜色，都是品种固有的稳定遗传特征。块茎形状有圆形、卵形、长卵形、椭圆形、长椭圆形、扁圆形、长扁圆形、长筒形；芽眼深浅分为突出、浅、中等、深和很深；表皮颜色有浅黄色到深黄色、粉红色到深红色或紫色；薯肉颜色一般为白色到黄色，也有的带红色、紫色等；薯皮光滑度分为光滑、粗糙、部分网纹、全部网纹和严重网纹。块茎的解剖结构自外向内包括薯皮、皮层、维管层、髓部（图2-7）。

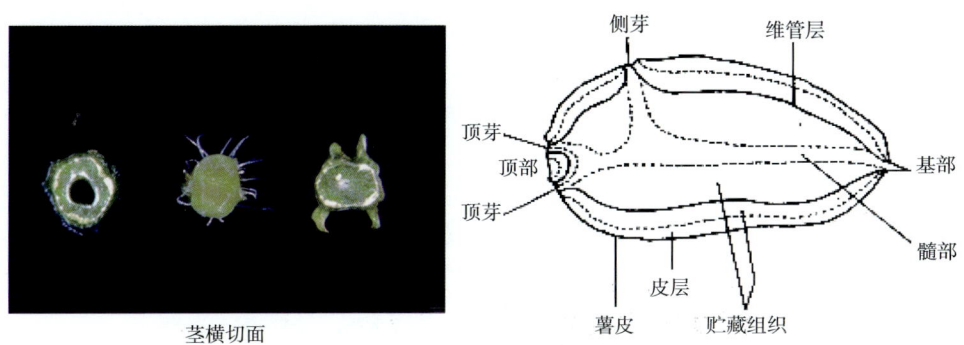

图2-7 块茎结构示意图

3. 叶

马铃薯的叶片为奇数羽状复叶。用块茎繁殖时，初生叶为单叶或不完全叶。从5~6片叶开始长出品种固有的羽状复叶，复叶顶端的叶片叫顶小叶，两侧成对着生的叫侧小叶。用实生种子繁殖时，首先长出2片对生的子叶，而后是互生的单叶和不完全复叶，直到6~9片真叶出现时才形成该品种的正常复叶（图2-8）。

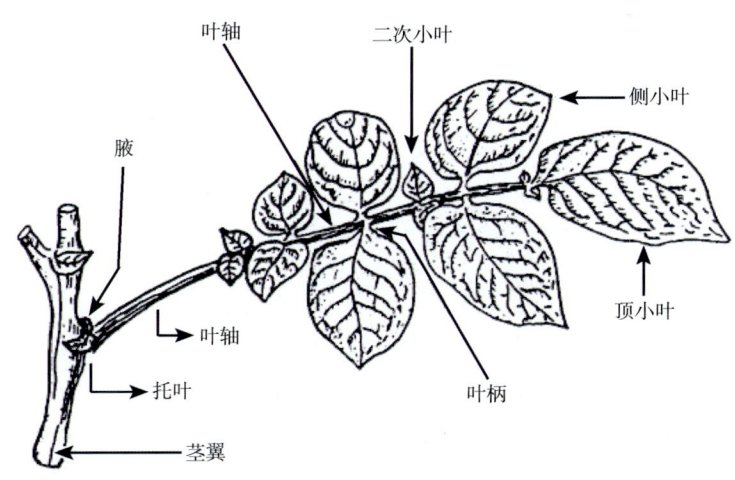

图2-8 复叶组成示意图

4. 花

马铃薯的花序为分枝型聚伞花序。一般由茎的叶腋或叶枝上长出花序的主干，每个主干有2~5个分枝，每个分枝上有4~8朵花。每朵花由花萼、花冠、雄蕊和雌蕊4部分组成（图2-9、图2-10）。

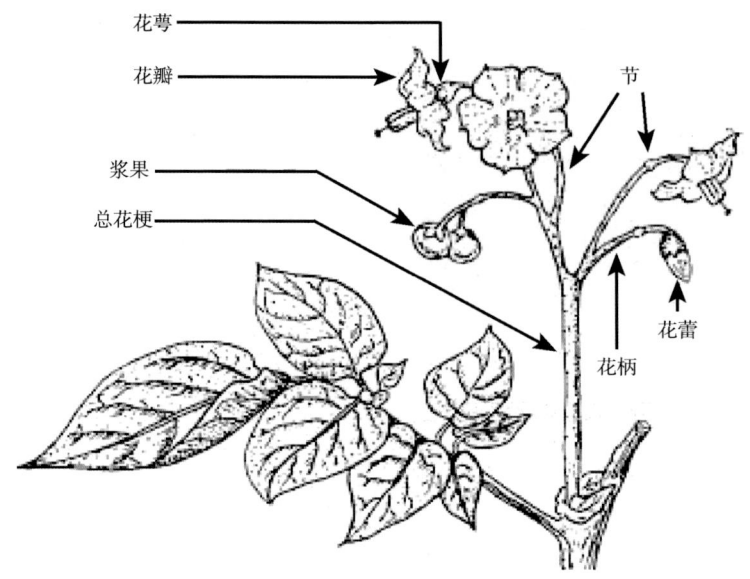

图2-9 花序结构示意图

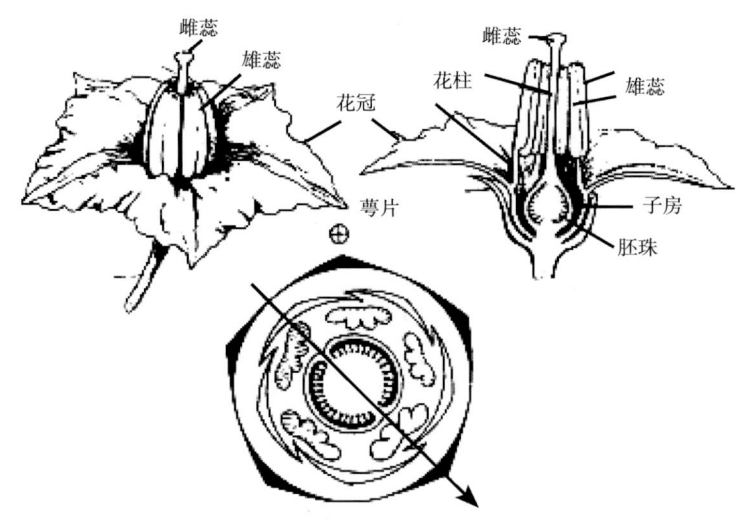

图2-10 花朵结构示意图

5. 果实和种子

马铃薯的果实为浆果，浆果由果皮、子房室、种子组成，每个成熟的浆果中一般有100~200粒种子。马铃薯的种子千粒重一般为0.5g左右，由种皮、胚乳、胚轴、胚芽、胚根和种脐组成（图2-11）。

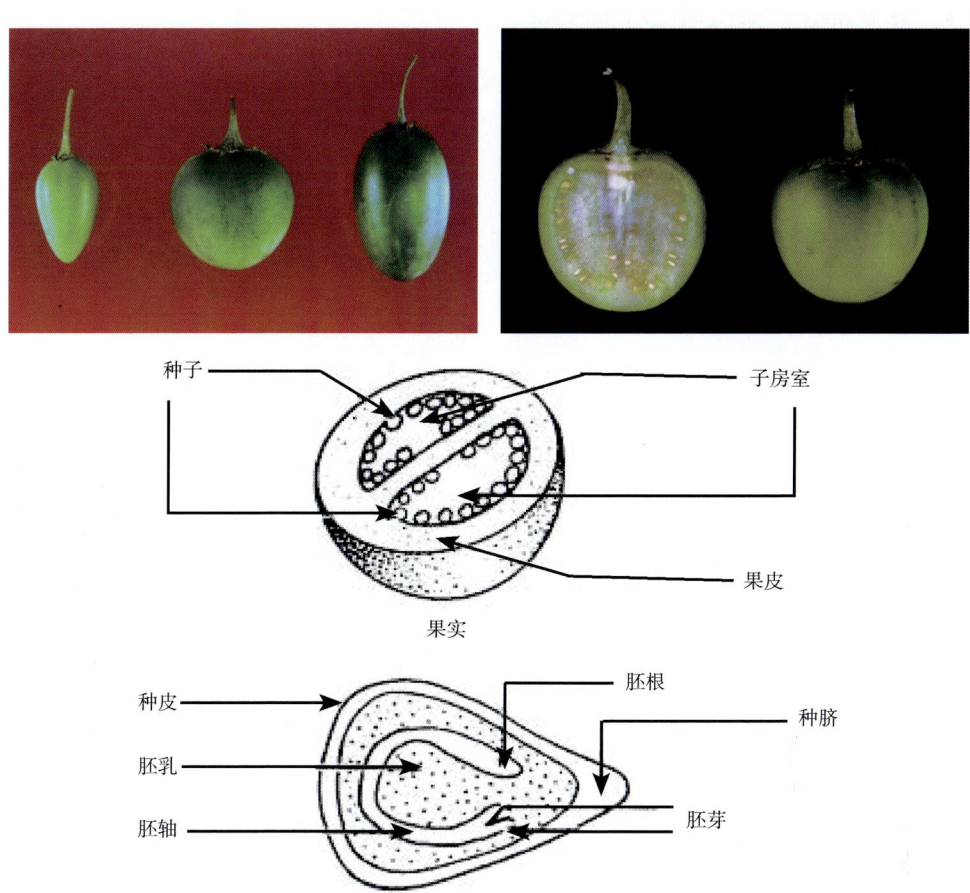

图2-11　果实和种子结构示意图

第二节　马铃薯生物学特性

一、马铃薯生育周期

马铃薯生育周期是从块茎到块茎的无性周期。可分为休眠期、发芽期、幼苗期、发棵期、结薯期和成熟期6个时期。

1. 休眠期

新收获的马铃薯块茎在适宜条件下必须经过一定时期后才能发芽，这一时期为休眠期。休眠期长短按块茎成熟收获到芽眼开始萌发幼芽的天数计算，由品种的遗传特性和贮藏的温度决定，高温休眠期短，低温休眠期长。

2. 发芽期

从种薯解除休眠，芽眼处开始萌芽，抽长芽条，直至幼苗出土为发芽期。

3. 幼苗期

从出苗到第八叶或第六叶平展为幼苗期。这一阶段的生长以根、茎、叶为中心，同时伴随匍匐茎的形成和伸长以及花芽的分化，是以后发棵、结薯以及产量形成的基础。

4. 发棵期

从团棵到主茎形成封顶叶（第16叶或第12叶）展平为发棵期。此时期，早熟品种于第一花序开花并发生第一对顶生侧枝，晚熟品种于第二花序开花并从花序下发生第二对侧枝。农艺措施主要是对温、光、水、肥进行调控，前期以肥水促进茎叶生长，后期以中耕和培土来控秧和促根，进而使生长中心由茎叶转向块茎旺盛生长。

5. 结薯期

主茎生长完成并开始侧生茎叶生长，便进入以块茎生长为主的结薯期。这个时期的关键措施在于保持植株强盛的同化力，并加速同化产物向块茎运转和积累，产量80%在此时形成。这一阶段占整个生育期2/3以上，又分为块茎形成期、块茎增长期、淀粉积累期。

（1）块茎形成期。从第一花序孕蕾到第一花序开花，匍匐茎顶端开始膨大到直径3cm，历时7~15d。生长发育由地上部茎叶生长转向地上部茎叶和地下块茎形成并进阶段，此时是决定块茎形成多少的关键时期，充足的肥水和多次中耕培土是获取丰产的关键。

（2）块茎增长期。从第一花序开花到茎叶衰老，历时15~30d。此时是茎叶和块茎生长、增重最快的时期，决定块茎大小的关键时期，也是需肥水最多的时期。

（3）淀粉积累期。从茎叶开始衰老到2/3茎叶枯黄，历时20~30d。此时茎叶停止生长，地上部同化产物不断向块茎输送，块茎体积增长缓慢，但重量仍在增加，是以淀粉积累为中心的时期。田间管理的重点是尽量延长根、茎、叶体的寿命，减缓衰老，加速地上部同化产物向块茎转移和积累，使块茎充分成熟。

6. 成熟期

当50%的植株茎叶出现枯黄时，便进入成熟期。此时马铃薯地上、地下部分均已停止生长，淀粉积累达到最高值。

二、马铃薯特性

1. 喜欢冷凉的特性

马铃薯的原产地为南美洲安第斯山高山区，最高月平均气温为21℃，所以马铃薯植株在生物学上就形成了只有在冷凉气候条件下才能很好生长的自然特性。特别在结薯期，叶片中的有机养分，只有在夜间低温情况下才能输送到块茎。因此，马铃薯非常适合在高寒冷凉地区种植。

2. 再生特性

如果把马铃薯的主茎或分枝，给它一定条件，满足它对水分、温度和空气的要求，下部节上就能长出新根，上部节的腋芽也能长成新植株。如果植株地上茎遭到破坏，其下部很快就能从叶腋处长出新的枝条，来代替被损坏部分制造养分和输送养分，使地下薯块继续生长。马铃薯对雹灾和冻害的抵御能力强的原因，就是它具有很强的再生特性。

3. 分枝特性

马铃薯的地上茎、地下茎、匍匐茎和块茎都有分枝的能力。地上茎分枝形成枝杈，不同品种马铃薯的分枝多少和早晚不同。一般早熟品种分枝晚、分枝少，而且大多数是上部分枝；晚熟品种分枝早、分枝多，多为下部分枝。地下茎的分枝形成匍匐茎，其顶端膨大长成块茎。匍匐茎的节上有时也长成分枝，只不过它的顶端结的块茎不如原匍匐茎结的块茎大。块茎在生长过程中，如遇到特殊情况，它的分枝就形成畸形薯块。上年收获的块茎，在下年种植时，从芽眼长出新植株，就是由茎分枝特性所决定的。如果没有这一特性，用块茎进行无性繁殖就不可能了。地上部分枝也能形成块茎，当地下茎的输导组织受到损坏时，叶片制造的养分向下输送受到阻碍，就会把养分贮存在地上茎基部的小分枝里，逐渐膨大形成小块茎，呈绿色，一般几个或十几个堆积在一起，这种小块茎叫气生薯，不能食用。

4. 休眠特性

刚收获的块茎，即使给予最适宜的温度、湿度、氧气等条件，也不能很快发芽，必须经过一定时间后才能发芽，这种现象叫块茎的休眠。块茎休眠期间仍保持着生命活力，维持最低的代谢功能。块茎的休眠期长短与品种原有的遗传因素和贮藏期间的温度、湿度、通气条件有关。

马铃薯休眠特性与生产和消费密切相关。从贮藏角度考虑，休眠是非常有益的，但采用两季栽培，休眠期延长了发芽和生长时间，影响了产量的提高。在商品消费上，要求有较长的休眠期，以便于运输和贮藏。

第三节 马铃薯发育的适宜环境

一、温度

1. 植株对温度的要求

解除休眠的块茎在5℃时便可发芽，但生长极为缓慢。生育期间温度以17~20℃为宜，幼芽发育的最适温度为13~18℃，此时幼苗发育的表现为芽条粗壮、根量较多。茎叶的生长在18~21℃时最好，当温度超过29℃时，茎叶完全停止生长。马铃薯开花的最适温度为15~18℃，若低于5℃或高于38℃均不能开花。

马铃薯抗低温能力较差，气温为-2~-1℃时，地上部受冻害，-4℃时，植株死亡，块茎受冻害。

2. 块茎对温度的要求

块茎形成的适宜温度是20℃，低于10℃就会阻碍茎的生长发育，温度低于-2℃时将抑制块茎形成；如果超过25℃生长趋于停止，超过28℃则完全停止生长。

二、水分

有研究表明，马铃薯植株每制造1kg干物质约消耗水708L。一般亩产2 000kg块茎，按地上部和地下部重量1∶1和干物质20%计算，每亩需水量为280t左右。马铃薯幼苗期，由于有种薯贮藏的水分，即使土壤缺水，也能正常萌动、发芽和出苗。此时土壤含水量一般以最大持水量的50%～60%为宜。从孕蕾期开始到块茎膨大期（即开花至茎叶停止生长）是马铃薯水分敏感期，也是产量形成的关键时期，土壤的含水量应保持在田间最大持水量的70%～80%。对早熟品种来说，出苗后的15～20d就应该满足水分的供应，而对晚熟品种还可以拖后几天。若马铃薯生长期间降水量为400～500mm且分布均匀，可以满足水分需求。

三、土壤

马铃薯对土壤的适应范围比较广，除过黏、过酸、过碱的土壤外都可栽培。但还是以耕作层较深、土质疏松、排水通气良好、富含有机质的肥沃沙壤土最为适宜，特别是孔隙度大，通气良好的土壤，才能满足根系发育、块茎膨大和增长对氧气的需要，防止后期块茎腐烂。马铃薯是喜欢酸性土壤的作物，在土壤pH值为5.0～6.5时，马铃薯生长良好。

四、肥料

马铃薯是高产作物，对肥料的要求很高。对肥料氮、磷、钾三要素的需要，以钾最多、氮次之、磷最少，氮、磷、钾的比例约2.5∶1∶4.5。据测定，生产1 000kg块茎，需从土壤中吸收氮5～6kg、磷2～3kg、钾11～13kg。

1. 农家肥

农家肥是最好的肥源，不但能提供多种养分，还可以改善土壤的理化性状。农家肥是完全肥，含有马铃薯生育所必需的大量元素、微量元素及有益微生物，这是任何化学肥料无法代替的。

2. 氮肥

氮肥对促进马铃薯地上部生长，提高光合生产率，增加叶绿素含量，具有非常重要的作用。有足量的氮素，就能使马铃薯植株枝叶繁茂、叶片墨绿，为有机营养的制造和积累创造有利的条件，增加块茎中的蛋白质含量，提高块茎的产量。如果氮肥不足，就会使马铃薯植株长得矮，长势弱，叶片小，分枝少，开花早，下部叶片提早枯萎和凋落，降低产量。如果氮肥过量，则又会引起植株徒长，大量营养被茎叶生长所消耗，匍匐茎长出地面，块茎形成数量少，延迟结薯时间，造成块茎晚熟和个小，干物质含量降低，淀粉含量减少等；氮肥过多的地块所生产的块茎，不好贮藏，易染病腐烂。另外，氮肥过多还会导致枝叶太嫩，容易感染晚疫病，造成更大的产量损失，而且一旦出现氮肥施用过多，一般很难采取措施来补救，不像氮肥用量不足可以用追肥的方法来补救。因此，在施用底肥时一定要注意氮肥不能过量。

3. 磷肥

与氮肥和钾肥相比，马铃薯对磷肥的需求量相对少些，但却是植株健康发育不可缺少的重要肥料。磷肥可以提高氮肥的增产效应，加强块茎中干物质和淀粉积累，提高块茎的淀粉含量。磷肥可以促进根系生长，提高植株的抗寒、抗旱能力，还有促早熟作用。马铃薯吸收的磷肥，在前期主要用于根系的生长发育和匍匐茎的形成，使幼苗健壮，提高抗旱、抗寒能力，在后期主要用于干物质和淀粉的积累，促进早熟，提高品质，增加耐贮性。如果缺磷，马铃薯植株就生长缓慢，茎秆矮，叶子稍卷曲，边缘有焦痕，长势弱，块茎内出现褐色锈斑，煮熟时锈斑处发脆，影响食用。磷肥利用率较低，仅有20%~30%，因而应适当增加施用的数量。

4. 钾肥

在三要素中，马铃薯对钾肥的需要量最大。马铃薯吸收钾素主要用于茎秆和块茎的生长发育，充足的钾肥能加强植株体内代谢、增强光合强度、延缓叶片衰老，钾肥可以促进植株体内蛋白质、淀粉、纤维素及糖类的合成，可使茎秆增粗以减轻倒伏的危害，能使叶片增厚，提高抗病能力，并能增强植株的抗寒性。马铃薯植株在生长过程中，缺少钾肥，会造成植株弯曲，节间缩短。叶缘向下卷曲，叶片由绿色变为暗绿色，最后变成古铜色，同时叶脉下陷，根系不发达，匍匐茎变短，块茎小，产量低，质量差，煮熟的块茎薯内呈灰黑色。

因马铃薯吸收钾肥量最大，即使是土壤中富含钾素的地块，种植马铃薯时也要补充一定数量的钾肥，才能满足马铃薯植株生长的需要。

5. 其他元素

马铃薯的生长发育还需要一些中量、微量元素。中量元素主要有钙、镁、硫，微量元素有锌、铜、钼、铁、锰、硼等。一般土壤中都含有这些元素，基本可以满足马铃薯植株生长的需要。如果经土壤化验，得知当地缺少某种元素，可在施肥时适当增加一点含有这种元素的肥料，就能起到很好的作用。

五、光照

马铃薯光饱和点为3万~4万lx，是喜低温长光照作物。充足的光照使叶面积增加，光合作用增强，植株和块茎的干物质均有明显增加。每天日照时数超过15h，茎叶生长茂盛，匍匐茎大量发生，但块茎形成延迟。每天日照时数小于12h，块茎形成早，地上部同化产物向块茎运输快，块茎产量高。也就是短日照条件能使茎叶生长停止，继而转到块茎的生长，导致植株提早衰亡。

日照与光强和温度有互作的影响。高温短日照条件下的块茎产量往往高于高温长日照下的产量；高温弱光和长日照使茎叶徒长，块茎几乎不能形成，匍匐茎变成枝条。开花需要强光、长日照和适当的高温。

马铃薯各个生长时期对产量形成最有利的条件是：幼苗期短日照、强光和适当的高温，有利于促进根系的发育，形成壮苗和提早结薯；发棵期长日照、强光和适当的高温，有利于植株健康发育，奠定了产量的基础；结薯期短日照、强光和较大的昼夜温差，有利于同化产物向块茎转移，促使块茎高产。

第三章

马铃薯品种介绍

优良品种是种植马铃薯获得优质产品、高经济效益的根本条件。一个丰产性好，适应性好，抗病虫害，抗逆性强，块茎品质优良，满足一定用途和市场需求的品种即为优良品种。马铃薯品种根据用途的不同可以分为鲜食、淀粉加工和油炸加工等类型；而根据成熟期长短又可分为早熟、中熟和晚熟等类型。因此，选用优良品种不但要考虑品种的用途，而且还要考虑品种的特性如成熟期等是否适应当地的栽培气候条件等因素。

根据不同用途将马铃薯品种分为鲜食型品种，炸片、炸条加工型品种，全粉加工型品种，淀粉加工型品种，特色马铃薯品种。

鲜食型品种：要求薯形好，芽眼浅，薯块大。干物质含量中等（15%～17%），高维生素C含量（大于25mg/100g鲜薯），粗蛋白质含量2.0%以上。炒食和蒸煮风味好、口感好。耐贮运，符合出口标准。

炸片加工型品种：要求还原糖含量低于0.25%，耐低温贮藏，块茎比重为1.085～1.100，芽眼浅，块茎圆形。

炸条加工型品种：要求还原糖含量低于0.25%，耐低温贮藏，块茎比重为1.085～1.100，芽眼浅，块茎长椭圆形或长圆形。

全粉加工型品种：要求还原糖含量低于0.25%，耐低温贮藏，块茎比重为1.085～1.100，芽眼浅。

淀粉加工型品种：要求淀粉含量在18%以上，白肉，耐贮。

特色马铃薯品种：根据特殊的要求进行品种选育。

第一节 鲜食型品种

一、费乌瑞它

品种来源：荷兰品种，又名津引8号、鲁引1号和荷兰15。

特征特性：早熟，生育期60d。株型直立，分枝少，株高65cm，茎紫褐色，生长势强。叶绿色，复叶大、下垂，叶缘有轻微波状。花冠蓝紫色、大，有浆果。块茎长椭圆形，皮淡黄色，肉鲜黄色，表皮光滑，块茎大而整齐，芽眼少而浅，结薯集中。块茎休眠期短，贮藏期间易烂薯。蒸食品质较优，鲜薯干物质含量17.7%，淀粉含量12.4%~14%，还原糖含量0.3%，粗蛋白质含量1.55%，维生素C含量13.6mg/100g鲜薯。易感晚疫病，感环腐病和青枯病，抗Y病毒病和卷叶病毒病，对A病毒和癌肿病免疫。一般亩产约1 700kg，高产可达3 500kg。

栽培要点：该品种较耐水肥，退化较快，应选择在水肥条件较好的地块，施足基肥种植。单作密度每亩以4 000~4 500株为宜。结薯层较浅，块茎对光敏感，易变绿而影响商品性，生长期间应加强田间管理，注意及早中耕、高培土，以免块茎绿化影响品质。

二、中薯3号

品种来源：中国农业科学院蔬菜花卉研究所培育而成。

特征特性：早熟，生育期60d。株型直立，株高60cm，茎粗壮、绿色，分枝少，生长势较强。复叶大，叶缘波状，叶色浅绿。花冠白色，易天然结实。块茎卵圆形，顶部圆形，浅黄色皮肉，芽眼少而浅，表皮光滑。结薯集中，薯块大而整齐。块茎休眠期为50d，耐贮藏。食用品质好，鲜薯淀粉含量12%~14%，还原糖含量0.3%，维生素C含量20mg/100g鲜薯。植株较抗病毒病，退化慢，不抗晚疫病。春季亩产1 500~2 000kg，高产可达3 000kg，秋季亩产1 000~2 000kg。稳产性较好。

栽培要点：适应性较广，较抗瘠薄和干旱。可与玉米、豆类等作物间（套）作。栽培密度为每亩4 000~4 500株，行距60cm，株距25~28cm。质地疏松、肥力中上等的土壤易获高产。播前施足基肥，以农家肥为主，每亩1 500~3 000kg，播时适当施种肥，每亩25~50kg复合肥。结薯期和薯块膨大期应及时浇水，但不宜过多。

三、宁薯10号

品种来源：宁夏农林科学院固原分院从东农303自交果中系选而成。

特征特性：中熟，生育期90d左右。株型直立，茎绿色，叶色浓绿，复叶大小中等，枝叶繁茂，生长势强，株高34.5~63.5cm，花冠白色。主茎数一般为1~2个，单株结薯3~5个，薯块大小中等且整齐。匍匐茎较短，结薯集中，商品薯率80%。茎块圆形，白皮白肉，薯皮略粗糙，芽眼浅。经宁夏农林科学院化验分析，粗淀粉含量67.84%（干基），粗蛋白质含量13.31%，还原糖含量0.6%，维生素C含量38.29mg/100g鲜薯。抗旱，耐瘠薄，抗病性较强。一般亩产1 500~2 000kg，高产可达3 000kg，稳产性较好。

栽培要点：采用健薯切块或小整薯播种，干旱区4月下旬播种，播种密度3 000~3 500株/亩，半干旱区4月中旬播种，播种密度3 500~4 000株/亩。基施优质农家肥3 000kg/亩，磷酸二铵10kg/亩，现蕾期追施尿素5kg/亩。中耕培土一般进行1~2次，随时拔除杂草，及时防治病虫害，并适时收获。

四、克新1号

品种来源：黑龙江省农业科学院克山分院育成。

特征特性：中熟，生育期95d。株型开展，株高70cm，分枝数多，茎绿色，生长势强。叶绿色，复叶肥大。花冠淡紫色，雌雄蕊均不育。块茎椭圆形，淡黄皮白肉，表皮光滑，芽眼多，深度中等。结薯集中，块茎大而整齐。块茎休眠期长，耐贮藏。食用品质中等，鲜薯干物质含量18.1%，淀粉含量13%~14%，维生素C含量14.4mg/100g鲜薯，还原糖含量0.25%。植株抗晚疫病，块茎易感晚疫病，高抗环腐病，抗马铃薯Y病毒病（PVY）和卷叶病毒病（PLRV），较耐涝。一般亩产约1 500kg，高产可达2 500kg以上。

栽培要点：适宜密度每亩3 500株，要求催大芽早播，宁夏引黄灌区3月上中旬、扬黄灌区3月下旬、中部干旱带4月上中旬播种。

五、陇薯7号

品种来源：甘肃省农业科学院马铃薯研究所选育。

特征特性：晚熟，生育期120d左右。株高80cm左右，株型直立，生长势强，茎浅紫色，叶绿色，花冠白色，天然结实性差；薯块长椭圆形，黄皮黄肉，芽眼浅；单株结薯6~8个，商品薯率80.7%。植株抗马铃薯X病毒病、中抗马铃薯Y病毒病，高抗马铃薯晚疫病。块茎淀粉含量19.68%，干物质含量26.0%，还原糖含量0.17%，粗蛋白质含量2.37%，维生素C含量25.2mg/100g鲜薯。平均亩产2 000~3 000kg。

栽培要点：选用优质脱毒种薯，播前催芽，每亩种植密度一般3 500~

4 000株，旱薄地每亩2 500～3 000株，生育期间加强肥水管理。适宜干旱、半干旱及阴湿地区种植。

六、青薯168

品种来源：青海省农林科学院选育。

特征特性：典型的晚熟品种，生育期130d以上。株型直立，株高90cm，茎粗壮、红褐色，分枝2～3个。叶色深绿。花冠紫红色，天然结实少。块茎椭圆形，红皮黄肉，表皮光滑，芽眼浅。块茎大而整齐，结薯集中。块茎休眠期长，耐贮藏。块茎食用品质好，有薯香味，鲜薯淀粉含量17.3%，粗蛋白质含量2.07%左右，维生素C含量11.34mg/100g鲜薯，还原糖含量0.68%。植株高抗晚疫病，抗逆性强，增产潜力大。一般亩产2 900kg，高产田亩产可达4 000kg以上。

栽培要点：根据土壤肥力和灌溉条件确定种植密度，水肥条件好可适当稀植，土壤肥力较差可适当密植。每亩种植3 000～3 500株，最多种植5 000株。

七、青薯9号

品种来源：青海省农林科学院生物技术研究所从国际马铃薯中心（CIP）引进后经系统选育而成。

特征特性：中晚熟，生育期165～170d。株高97cm。幼芽顶部尖形、呈紫色，中部绿色，基部圆形，紫蓝色，稀生茸毛。茎紫色，横断面三棱形。叶深绿色，较大，茸毛较多，叶缘平展，复叶大，椭圆形，排列较紧密，互生或对生，有5对侧小叶，顶小叶椭圆形；次生小叶6对互生或对生，托叶圆形。聚伞花序，花蕾绿色，长圆形；萼片披针形，浅绿色；花柄节浅紫色；花冠浅红色，有黄绿色五星轮纹；花瓣尖白色，雌蕊花柱长，柱头圆形，二分裂，绿色；雄蕊黄色，圆锥形整齐聚合在子房周围。无天然果。薯块椭圆形，表皮红色，有网纹，薯肉黄色；芽眼较浅，芽眼9.3个，红色；芽眉弧形，脐部凸起。结薯集中，较整齐，耐贮性中等，休眠期45d。单株结薯8.6个，单株产量945g，单薯平均重117.39g。植株耐旱，耐寒。抗晚疫病，抗环腐病。一般亩产3 000kg，高产田亩产5 000kg以上。

栽培要点：适宜在全国种植。结合深翻亩施有机肥2 000～3 000kg、纯氮6.21～10.35kg、五氧化二磷8.28～11.96kg、氧化钾12.5kg。4月中旬至

5月上旬播种，采用起垄等行距种植或等行距平种，播深8~12cm。亩播量130~150kg，行距70~80cm、株距25~30cm，密度3 200~3 700株/亩。

八、冀张薯8号

品种来源：张家口市农业科学院（河北省高寒作物研究所）由杂交系统选育而成。

特征特性：中晚熟品种，生育期99d。株型直立，株高68.7cm，茎、叶绿色，主茎3.5个，花冠白色，天然结实性中等。块茎椭圆形，淡黄皮、乳白肉，芽眼浅，薯皮光滑，单株结薯5.2个，商品薯率75.8%。鲜薯维生素C含量16.4mg/100g，淀粉含量14.8%，干物质含量23.2%，还原糖含量0.28%，粗蛋白质含量2.25%；蒸食品质优。高抗马铃薯X病毒病、Y病毒病，轻度至中度感晚疫病。亩产2 935kg。

栽培要点：适宜在西北、华北一作区种植。每亩播种密度3 500~4 000株。

九、冀张薯12号

品种来源：张家口市农业科学院育成。

特征特性：中晚熟，生育期105d；株型直立，株高66.7cm；主茎粗壮，主茎2.12个，分枝少；茎叶浅绿色，花冠浅紫色；天然结实中等，生长势较强；块茎椭圆形，薯皮光滑，芽眼浅，淡黄皮淡黄肉；结薯浅而集中，单株结薯5.35个，商品薯率86.98%。产量1 600~2 800kg/亩。

栽培要点：选用合格脱毒种薯，4月底至5月上旬播种，播前催芽。起垄栽培，亩种植密度3 500~3 800株。增施有机肥，合理施用化肥。注意及时防治马铃薯早疫病、晚疫病。适合水肥条件好的地区种植。

第二节 淀粉加工型品种

一、宁薯4号

品种来源：西吉县农业技术推广服务中心选育。

特征特性：晚熟，生育期120d。株型直立，叶深绿色，花冠浅紫色。块茎椭圆形，白皮白肉，芽眼较深略带紫色。结薯集中，块茎大而整齐。休眠期长，耐贮藏。食用品质优良，鲜薯干物质含量23.3%，淀粉含量15.9%，维生素C含量12.9mg/100g鲜薯，还原糖含量1.03%，粗蛋白质含量1.42%。块茎蒸食品质佳，适口性好。植株抗旱性强，较抗卷叶病毒病。一般亩产2 000kg以上。

栽培要点：适宜于西北一作区种植。半干旱区4月中旬播种，适宜密度为每亩3 500株。阴湿区以每亩4 000株为宜。齐苗后加强田间管理，结合中耕每亩追施尿素5kg。现蕾至开花中耕2次，分层培土起垄。后期肥药混喷，防病护叶。

二、宁薯12号

品种来源：宁夏农林科学院固原分院培育而成。

品种特性：中熟，生育期106d。出苗整齐，株型直立，茎绿色，叶色浅绿色，复叶大小中等，枝叶繁茂，长势强，株高30～50cm，聚伞花序，花冠白色。主茎2～3个，分枝6个左右，单株结薯4～5个，薯块大小中等且整齐，匍匐茎较短，结薯集中，商品率81%。薯块圆形，皮浅黄色，薯肉浅黄色，芽眼浅。经宁夏农林科学院化验分析，干物质含量23.41%，淀粉含量（干基）14.9%，粗蛋白质含量（干基）67.8%，还原糖含量0.3%，维生素C含量38.39mg/100g鲜薯。花繁茂，天然果少。抗旱耐瘠薄，高抗晚疫病、环腐病，抗花叶病毒病，轻感卷叶病毒病。薯块休眠期长，耐贮藏。平均亩产2 500kg。

栽培要点：4月上旬播种，不宜迟播。一般采用整薯30～35g播种，若切块种植，每个种块必须带1～2个芽眼，采用宽窄行种植，宽行65～75cm，窄行20～25cm，株距40cm，保苗3 500～4 000株/亩。播前亩基施农家肥。株高15～20cm时进行第一次培土，现蕾时第二次培土起垄，及时拔除大草和病株、劣株，视田间情况防虫治病。适宜宁夏南部山区干旱、半干旱、阴湿区及中原二作区种植。

三、宁薯14号

品种来源：宁夏农林科学院固原分院育成。

品种特性：晚熟，生育期120d。株型直立，茎秆粗壮，茎绿色，叶色浓绿，复叶大小中等，枝叶繁茂，长势强，株高68~85cm，聚伞花序，花冠紫色。主茎2~4个，分枝8个，单株结薯4~16个，薯块较大且整齐，匍匐茎较短，结薯集中，商品率85%。薯块长圆形，皮深红色，薯肉浅黄色，薯皮光滑，芽眼浅。花繁茂，天然果多。抗旱，耐瘠薄，薯块休眠期长，耐贮藏。经宁夏农林科学院化验分析，块茎干物质含量（鲜基）20.4%，淀粉含量（鲜基）71.24%，粗蛋白质含量（干基）2.16%，还原糖含量0.397%，维生素C含量13.0mg/100g鲜薯。平均亩产2 900kg。在自然感病条件下田间鉴定，高抗晚疫病、早疫病、轻感环腐病、卷叶病毒病。适宜在宁夏干旱、半干旱、低温阴湿区及生态条件类似地区推广种植。

栽培要点：选择土层疏松、肥沃、通透性好地块，前茬以禾本科、亚麻为宜，切忌连作和迎茬。一般用30~35g的小整薯作种直接播种，或切块种植，切块应以30g左右为宜。宁夏固原干旱区4月上旬播种，半干区4月中旬播种，阴湿区4月下旬播种，不宜迟播，保苗3 800~4 000株/亩。

四、晋薯7号

品种来源：山西省农业科学院高寒区作物研究所育成。

特征特性：晚熟，生育期120d。株型直立，茎秆粗壮，株高60~90cm，叶绿色，复叶大，侧小叶4对。花冠白色，能天然结实。块茎扁圆形，黄皮黄肉，表皮光滑，芽眼较深。结薯集中，块茎大而整齐。块茎休眠期较长，耐贮藏。食用品质好，鲜薯淀粉含量17.5%，粗蛋白质含量2.51%，维生素C含量14mg/100g鲜薯。植株高抗晚疫病，轻感环腐病和卷叶病毒病，抗旱性强。一般亩产1 500~2 000kg，最高亩产可达4 000kg。

栽培要点：适宜于西北及华北等地一季作区种植，每亩种植4 000株。适宜土层深厚、质地疏松的土壤，选择肥水条件好的地块栽培能充分发挥其丰产性。

五、内薯7号

品种来源：呼伦贝尔市农牧科学研究所育成。

特征特性：中熟，生育期100~110d，株型直立、繁茂，株高65~70cm，分枝数中等、粗壮，叶片肥大，叶色深绿，花冠白色，花粉较多，天然结果多。块茎皮、肉浅黄色，表皮光滑，芽眼数目少，芽眼较浅。结薯9~12个，出苗快、整齐，结薯期较早，薯块膨大快。淀粉含量高达20.3%。一般亩产量1 400~2 400kg，大、中薯率80%以上。高抗马铃薯X病毒病（PVX）和Y病毒病（PVY），较抗卷叶病毒病（PLRV）。田间植株高抗晚疫病，块茎对晚疫病抗性较强。

栽培要点：适宜西北及华北等地一季作区种植，亩基施农家肥2 000kg、碳酸氢铵20~30kg、普通过磷酸钙15~20kg，栽培密度4 000株/亩。苗齐时中耕锄草，现蕾期中耕培土。

六、陇薯3号

品种来源：甘肃省农业科学院育成。

特征特性：中熟，生育期100d左右。株型半直立，株高60~70cm，茎绿色、粗壮。叶深绿色，复叶大。花冠白色，天然不易结实。块茎扁圆形或椭圆形，皮稍粗，块大而整齐，黄皮黄肉，芽眼较浅并呈淡紫红色，薯顶芽眼下凹。结薯集中，单株结薯5~7块。块茎休眠期较长，耐贮藏。食用品质优良，口感好，鲜薯淀粉含量高，平均21.2%，最高24.25%，粗蛋白质含量1.88%，维生素C含量26mg/100g鲜薯，还原糖含量0.13%，龙葵素含量0.15mg/100g鲜薯。植株抗晚疫病、花叶病和卷叶病毒病。产量高，平均亩产2 790kg，高产可达3 700kg。

栽培要点：适合甘肃及我国西北一季作地区种植。一般每亩种植4 000~4 500株，旱薄地每亩种植3 000株为宜。

七、陇薯6号

品种来源：甘肃省农业科学院育成。

特征特性：晚熟，生育期115d。株型半直立，株高59~73.8cm，植株繁茂，茎绿色，叶深绿色，生长势强，花冠乳白色，主茎2~5个，单株结薯3~9个，薯块扁圆形，大而整齐，淡黄皮白肉，芽眼浅，商品薯率75.6%，粗淀粉含量（干基）68.73%，粗蛋白质含量10.95%，还原糖含量0.1%。维生素C含量11.21mg/100g鲜薯。一般亩产1 500~2 000kg。抗环腐病、卷叶病毒病、花叶病毒病，抗旱性强。薯块休眠期长，耐贮藏，适口性好。

栽培要点：适宜我国西北一季作地区种植，亩种植3 500~4 000株。

八、宁薯8号

品种来源：宁夏西吉县种子公司从当地农家品种深眼窝中发现变异单株，经系统选育而成。

特征特性：晚熟，生育期120d，株型直立，分枝多，株高70cm，茎叶绿色，生长势强，侧小叶3~4对，花冠白色。块茎扁圆形，皮肉均为黄色，表皮光滑，块茎大而整齐，芽眼深浅中等，结薯集中。块茎休眠期中等，耐贮藏。食用品质优良，淀粉含量18.6%，蛋白质含量2.41%，还原糖含量0.44%，维生素C含量0.3mg/100g鲜薯。植株抗晚疫病。亩产量2 000~3 000kg，高产可达5 000kg。

栽培要点：适宜我国西北一季作地区种植，亩种植3 500~4 000株。产量高，生长旺盛，对水肥条件要求高。花期较长，注意预防晚疫病及虫害。

九、青薯2号

品种来源：青海省农林科学院选育。

特征特性：晚熟，生育期114d。植株直立，株高51.6~77.3cm；茎叶深绿色，生长势强，花冠紫色，主茎1~2个，单株结薯4~6个，薯块扁圆形、大而整齐，白皮白肉，芽眼浅，薯皮光滑，商品薯率75%。经宁夏农林科学院化验分析，粗淀粉含量（干基）70.18%，粗蛋白质含量8.21%，还原糖含量1.22%，维生素C含量30.01mg/100g鲜薯。有天然果。抗马铃薯卷叶病毒病、花叶病毒病、晚疫病、环腐病、黑茎病，抗旱性强，耐贮藏。一般亩产2 336.4kg。

栽培要点：阴湿及二阴区4月中旬播种，干旱半干旱区4月下旬播种。一般采用整薯播种，若切块种植，每个薯块必须带1~2个芽眼；采用宽窄行种植方式，宽行65~75cm，窄行20~25cm，株距40cm，保苗3 500~4 000株/亩。播前亩基施农家肥4 000kg、磷酸二铵10~15kg、尿素10~12kg，现蕾期结合中耕培土亩追施磷酸二铵10kg、尿素7.5kg。株高15~20cm时进行第一次培土，第二次培土在现蕾期。生育期应勤中耕锄草，确保田间无杂草。

十、庄薯3号

品种来源：甘肃省庄浪县农业技术推广中心育成。

特征特性：晚熟，生育期150d。株型直立，株丛繁荣，生长势强，株高82.5～105cm，茎绿色，主茎2.7个，叶片深绿色，叶片中等大小，分枝3～5个，复叶椭圆形，对生，花淡蓝紫色，天然结实性差，植株生长整齐，结薯集中，单株结薯5～7个，平均单薯重120g，商品薯率高达90%以上，薯块圆形，黄皮黄肉，芽眼淡紫色，薯皮光滑度中等，块茎大而整齐。薯块休眠期长，耐贮藏，抗倒伏，抗旱，耐瘠薄，高抗晚疫病，较抗病毒病，淀粉含量高，适应性广，高产稳产。经宁夏农林科学院化验分析，薯块干物质含量26.38%，淀粉含量20.5%，粗蛋白质含量2.15%，维生素C含量16.2mg/100g鲜薯，还原糖含量0.28%。一般亩产2 500kg。

栽培要点：适用于宁夏及生态类型相似的西北等一作区种植，中等肥力地块4 000～4 500株/亩，旱薄地3 500～4 000株/亩。

十一、宁薯18号

品种来源：宁夏农林科学院固原分院选育。

特征特性：全粉加工型品种，中晚熟，生育期111d。出苗整齐，株型直立，生长势强，分枝较多，枝叶繁茂，茎秆粗壮，茎深绿色，匍匐茎较短，叶深绿色，复叶较大，株高85cm，聚伞花序，花冠白色、繁茂，天然结实性少。主茎1～3个，分枝6个，单株结薯4～6个，薯块长圆形，浅黄皮、浅黄肉，薯皮光滑，芽眼中等，单薯重163.3g，薯块大小整齐，结薯集中，商品薯率83%。干物质鲜基25.9g/100g，淀粉鲜基19.14g/100g，蛋白质鲜基2.45g/100g，维生素C鲜基6.02mg/100g，还原糖鲜基0.85g/100g，味道香甜。抗晚疫病、环腐病、花叶病毒病和卷叶病毒病。抗旱，耐瘠薄，耐贮藏。产量1 600～3 000kg/亩。

栽培要点：4月中旬至4月下旬播种，播种前18～20d种薯出窖，以10cm厚度平铺于暖室，18℃催芽12d，芽基催至0.5～0.7cm时转到室外晒种8d。每亩播种密度3 500～4 000株。施足基肥，适时追肥，播前基施农家肥3 000kg/亩左右，磷酸二铵15kg/亩、复合肥50kg/亩；孕蕾至开花期结合中耕培土追施磷酸二铵10kg/亩、尿素7.5kg/亩。在株高15～20cm时进行第一次培土，现蕾时第二次培土起垄，及时拔除田间杂草和病株、劣株，视田间情况防虫治病，及时收获。适宜在宁夏干旱、半干旱、低温阴湿区海拔700～2 500m地区春季种植。

十二、宁薯19号

品种来源：宁夏农林科学院固原分院选育。

品种特性：全粉兼鲜食型品种，中晚熟，生育期110d。生长势强，分枝较多，枝叶繁茂，茎绿色，叶深绿色，花冠深紫色，天然结实性少，匍匐茎短，单株主茎1~3个，单株结薯4~6个，单薯重约167.7g，商品薯率72.8%。薯块卵圆形，淡黄皮白肉，薯皮光滑，薯块整齐，芽眼中等。块茎鲜基干物质含量19.45%，淀粉含量12.4%，粗蛋白质含量2.02%，维生素C含量13.45mg/100g，还原糖含量1.38%。植株田间检测对晚疫病、早疫病、花叶病表现抗性，未发现卷叶病、环腐病。无二次生长、裂薯和无空心等，丰产性良好，增产幅度明显，块茎品质好。抗旱，耐瘠薄，耐贮藏。产量1 800~3 000kg/亩。

栽培要点：选择土壤肥力中等、耕层深厚、土质疏松、前茬为豆科或禾本科作物的田块。播种前20d进行催芽浸种、剔除病薯、烂薯或混杂薯，选用30g左右小整薯或薯块适时播种。亩保苗3 000株左右。现蕾期适量追肥，结合防治病虫害喷施叶面肥。苗齐后第一次中耕，深度15cm左右；15d后进行第二次浅中耕，培土厚度10cm。及时防治晚疫病、早疫病和地下害虫，如发现病毒感染的花叶、卷叶、皱缩、矮化状的植株应及时拔除。适时收获。适宜宁夏干旱、半干旱、阴湿地区春季推广种植，有补灌条件产量更高。

第三节　油炸加工型品种

一、大西洋

品种来源：美国品种。

特征特性：中熟，生育期90d。株型直立，分枝数中等，株高50cm左右，茎基部紫褐色，茎秆粗壮，生长势较强。叶绿色，复叶肥大，叶缘平展。花冠浅紫色，可天然结实。块茎介于圆形和长圆形之间，顶部平，淡黄皮白肉，表皮有轻微网纹，芽眼浅，块茎大小中等而整齐，结薯集中。块茎休眠期中等,耐贮藏。鲜薯淀粉含量15%~17.9%,还原糖含量0.03%~0.15%。植株不抗晚疫病,对马铃薯X病毒病免疫,较抗卷叶病毒病,感束顶病、环腐病,在干旱季节薯肉有时会产生褐色斑点。一般亩产1 500kg。

栽培要点:该品种喜肥水,适应性较广。土质以壤土较好,生长期间不能缺水。因薯过大易空心,应适当密植,种植密度以每亩4 500株左右为宜。加强肥水管理增产显著。目前在内蒙古、黑龙江、河北、吉林等一二季作地区作为炸片品种种植。

二、夏波蒂

品种来源:加拿大品种。

特征特性:中熟,生育期95d左右。株型开展,株高60~80cm,主茎绿色、粗壮,分枝数多。复叶较大,叶色浅绿。花冠浅紫色,花期长。块茎长椭圆形,白皮白肉,芽眼浅,表皮光滑,薯块大而整齐,结薯集中。鲜薯干物质含量19%~23%,还原糖含量0.2%。该品种对栽培条件要求严格,不抗旱、不抗涝,田间不抗晚疫病、早疫病,易感马铃薯花叶病毒病、卷叶病毒病和疮痂病。一般亩产1 500~3 000kg。炸条品质和食用品质优良。

栽培要点:栽培时必须选择土层深厚、肥力中等以上、排水通气性良好并有水浇条件的沙壤土地块,不能选择低洼二阴地、涝湿地和盐碱地,更不能选择重茬地。需大量施肥,平衡施肥。一般适宜密度为每亩3 500株以上。用大芽块,大垄深播,及时中耕培土,控制病虫草害,特别要严格防治马铃薯晚疫病。适合于北部、西北部高海拔冷凉干旱一作区种植。

三、布尔斑克

品种来源:美国品种。

特征特性:晚熟,生育期120d左右。株型直立,株高70cm左右,茎秆粗壮,有淡红紫色素分布,生长势强。叶绿色。花冠白色,花期短。块茎长圆形,顶部平,皮褐色肉白色,表皮网纹较重,芽眼少而较浅,块茎大而整齐,结薯集中。块茎休眠期较长,耐贮藏。蒸食品质中等,鲜薯淀粉含量17%以上,还原糖含量低于0.2%,植株不抗晚疫病,较抗马铃薯花叶病毒病和疮痂病,该品种对栽培条件要求严格,不抗旱、不抗涝,在不良生长环境下，薯块易畸形。产量因栽培条件而有较大的差异，一般亩产2 000kg，是优良的炸条品种。

栽培要点：该品种特喜肥水，适应在水肥条件、栽培水平较高，生长季节较长，气温适宜的地区种植。土质以壤土较好，生长期间不能缺水、缺肥，并要求有一定的空气湿度。因炸条需大薯块，在栽培上注意增大行距，培土高起垄，注意排灌水。每亩适宜密度为3 500株。

四、冀张薯5号

品种来源：张家口市农业科学院育成。

特征特性：中熟，生育期95d。主茎粗壮，半直立，株高60～70cm，花冠粉色，结实性强，块茎形成早、膨大快，薯块椭圆形，红皮黄肉，芽眼浅，表皮光滑，结薯集中，大薯率高，商品薯率达90%以上，非常适合外销。干物质含量23.21%，淀粉含量15.22%，蛋白质含量2.14%，维生素C含量15.91 mg/100g鲜薯，还原糖含量0.33%。该品种高抗马铃薯Y病毒（PVY）、马铃薯X病毒（PVX），轻感马铃薯卷叶病毒（PLRV），高抗晚疫病。一般亩产1 500～2 000kg，高产可达3 500kg。

栽培要点：该品种适宜水肥条件较好地块种植。4月底至5月初播种，每亩3 500～4 000株。苗高20cm时中耕一次，现蕾前结合中耕培土一次。

五、雪育23号

品种来源：雪川农业集团股份有限公司育成。

特征特性：中晚熟，生育期91d。株型半直立，小叶边缘波状程度中到强，茎褐色斑点，茎翼直形。花冠白色，近圆形，大、中薯率77.93%，薯块卵圆形，薯皮黄色，薯肉中等黄色，芽眼深浅中等。干物质含量25.00%，淀粉含量18.37%，蛋白质含量1.03%，维生素C含量10.50mg/100g鲜薯，还原糖含量0.22%。高抗晚疫病，高抗马铃薯X病毒病和马铃薯Y病毒病，感马铃薯卷叶病毒病，田间轻感疮痂病。产量1 800～3 000kg/亩。

栽培要点：当地温稳定在8℃以上时播种，一般4月中下旬至5月上旬播种，应用优质脱毒种薯，播前催芽。株行距根据当地栽培耕作习惯，每亩种植密度2 800～3 300株。垄作播深5～10cm，覆土10～15cm。施足基肥，出苗后加强前期管理，早施、少施追肥；及时灌溉和排水，防止因肥水过多而徒长；及时除草、中耕和培土，促使早发棵和早结薯。生长期注意防治晚疫病，前期注意防低温霜冻。收获前一个月停止施氮肥，收获前15~20d停止灌水，以利收获贮存。适宜冷凉、水肥条件优良区域种植。

第四章

脱毒种薯繁育技术

中国马铃薯种薯规模化生产是从1974年茎尖组织培养技术成功并生产出脱毒种薯开始的。大量的试验表明,脱毒种薯增产十分显著,一般增产30%~50%,多年种植的地方品种脱毒后可成倍增产,脱毒种薯有效地解决了长期困扰马铃薯生产的病毒型退化问题。自此以后,各省(市)相继开始了茎尖脱毒获得脱毒苗,通过相应的种薯繁育体系生产脱毒种薯并积极推广。随着脱毒种薯面积的扩大,种薯繁育技术不断改进,马铃薯单产不断提高。

第一节 马铃薯的退化及其防治途径

一、马铃薯退化的概念

马铃薯退化是指马铃薯品种在一个地区种植一年至多年后,植株变矮、叶片变小,并出现卷叶、花叶、皱缩、束顶等现象,块茎变小、畸形,产量逐年下降,这一现象叫退化。

二、马铃薯退化的原因

马铃薯退化的原因主要包括内因和外因两大类。内因主要是马铃薯品种自身的抗逆、抗病性能力差,基因变化等;外因则包括病毒病侵染、高温影响、品种混杂串粉、播种方法不当、管理措施不良、生长环境不适等。其中,病毒病侵染和高温影响被认为是导致马铃薯退化的主要原因。

目前，侵染马铃薯的病毒常见的有马铃薯卷叶病毒（PLRV）、马铃薯X病毒（PVX）、马铃薯Y病毒（PVY）、马铃薯S病毒（PVS）、马铃薯M病毒（PVM）、马铃薯A病毒（PVA）、马铃薯奥古巴花叶病毒（PVMA）马铃薯黄矮病毒（PYDV）、马铃薯纺锤块茎病毒（PSTVd）。

三、马铃薯退化的类型

（一）卷叶类型

1. 卷叶

症状：以叶片主脉为中心叶缘向上卷曲，严重时呈圆筒状。初期表现在植株顶部的幼嫩叶片上，先是褪绿，继而沿中脉向上卷曲，扩展到老叶。叶片小，厚而脆，叶脉硬、叶色淡，叶背面可呈红色或紫色。在茎的横切面可见黑点，茎基部和节部更明显。块茎小而密生，植株常呈圆锥形，生长受到抑制，表现为不同程度的矮化。

病毒：由马铃薯卷叶病毒（PLRV）引起，主要通过蚜虫传播。初侵染源主要为种薯。

2. 花卷叶

症状：病株叶片轻度卷叶，并伴有斑驳花叶。

病毒：由马铃薯卷叶病毒（PLRV）引起。

（二）花叶类型

1. 花叶

症状：表现为不同的斑驳或花叶。

病毒：由马铃薯普通花叶病毒即马铃薯X病毒（PVX），或马铃薯轻花叶病毒即马铃薯A病毒（PVA），或马铃薯潜隐病毒即马铃薯S病毒（PVS），或马铃薯皱缩花叶病毒即马铃薯M病毒（PVM）引起，主要是通过机械摩擦（汁液）传播，初侵染源主要为种薯。

2. 奥古巴花叶

症状：感病植株下部叶片出现鲜黄斑点或大斑块，以后逐渐发展到上部叶片。

病毒：由马铃薯奥古巴花叶病毒（PVMA）引起。

3. 花皱叶

症状：病株叶片变小，表现明显花叶，叶片稍皱缩，叶缘波状卷曲，严重时叶片坏死。

病毒：由马铃薯普通花叶病毒即马铃薯X病毒（PVX）和马铃薯轻花叶病毒即马铃薯A病毒（PVA）复合侵染引起。初侵染源主要是种薯，其次是其他寄生植物，在自然界主要由桃蚜等多种蚜虫传播。

4. 条斑花叶

症状：在病株的叶脉、叶柄及茎上有黑褐色条斑。感病初期，叶片有斑驳花叶或枯斑。后期植株下层叶片干枯，但不脱落，表现为垂叶死亡。

病毒：由马铃薯重花叶病毒即马铃薯Y病毒（PVY）引起的，寄主较广，借助蚜虫传播。

5. 皱缩花叶

症状：叶片呈严重皱缩，小叶向下弯曲，整个植株呈绣球状，植株显著变矮，叶片上有坏死斑，叶脉、叶柄、茎上有黑褐色坏死斑。发病后期，下层叶片呈垂叶坏死症，植株顶部叶片表现为严重的斑驳皱缩症状。

病毒：由马铃薯普通花叶病毒即马铃薯X病毒（PVX）和马铃薯重花叶病毒即马铃薯Y病毒（PVY）复合侵染引起的。初侵染源主要是种薯带毒，其次为其他寄主植物。

（三）束顶类型

症状：病株分枝少而直立，叶片上举，小而脆，常卷曲。茎部节间缩短，植株生长迟缓，叶色浅，有时发黄，重病植株矮化。块茎变小变长，两端渐尖呈纺锤形，芽眼增多而突出，周围呈褐色，块茎表皮多出现大的龟裂。

病毒：由马铃薯纺锤块茎病毒（PSTVd）引起。主要是机械传播，可经切刀和嫁接传染。

（四）矮化类型

症状：植株矮化，茎叶簇生，叶片呈短的椭圆形，颜色暗绿色，并变薄变软，病株结的薯块很小，常有裂痕。

病毒：由马铃薯黄矮病毒引起，通过叶蝉传播。

（五）丛枝类型

症状：病株矮化，叶色淡绿，在主茎的叶腋处丛生数十条侧枝，侧枝细长细弱，病株不开花，形成数量较多的小块茎，块茎休眠期短，易发芽。

病毒：由马铃薯丛枝植原体引起，马铃薯丛枝植原体是一种由叶蝉传播的原核微生物病原体。

四、防止马铃薯退化的途径

（一）选择适宜的环境地域

马铃薯喜冷凉，不耐高温，生育期间适宜温度为17~20℃。在低纬度低海拔高温区域退化快而重，在高纬度高海拔低温区域退化慢而轻。一般7月气温低于21℃的地区是马铃薯适宜种植区。

（二）选用抗病良种及夏播留种

（1）选择抗病品种。

（2）夏播留种是防止种薯退化，解决就地留种的有效方法，即在北方一季种植区域，将正常的春季播种推迟到夏季（6月下旬至7月上旬播种），生产的种薯病毒侵染少，种薯健康有活力。

（三）生产和使用无毒种薯

（1）建立健全无毒良种繁育体系。在高纬度高海拔区域建立原种繁育基地，在种薯繁育基地设立50m以上的隔离区。播期应避开蚜虫活动高峰期，并经常施药防止蚜虫。

（2）选用无病毒的种薯。

茎尖组织培育：带病毒的薯块生出的牙尖顶端0.1mm内的组织，带有一个叶原基，一般不带病毒，可通过组织培育繁殖无毒苗，进一步培育和繁殖无毒种薯。

热处理消毒：带毒的种薯在35℃温度下，经过56d处理，或者在36℃温度下，经过39d处理，可使马铃薯病毒钝化。另外还可采取变温措施，即把种薯切成块，每天在40℃下处理4h后，随即在16~20℃下处理20h，连续处理42d。

（四）改进栽培措施

（1）留种田远离茄科作物。

（2）及时除草，拔除病株。

（3）避免过量使用氮肥，增施磷、钾肥。

（4）防治蚜虫。

第二节　马铃薯脱毒种薯繁育体系

一、脱毒马铃薯概念

将受病毒、类病毒严重侵染而退化的马铃薯经过一系列技术措施，将其所带的病毒、类病毒脱除，获得不带病毒、类病毒的马铃薯（块茎和试管苗）。脱毒马铃薯包括各级脱毒种薯（脱毒原原种、脱毒原种、脱毒一级种）和以脱毒种薯为种植材料的商品薯。

二、马铃薯脱毒种薯三级繁育体系的概念

马铃薯三代种薯繁育体系是根据我国种薯生产的现有条件（包括微型薯生产的设施、设备、生产技术和生产能力，以及开放条件下种薯生产的环境条件等）将种薯生产周期从5~6年缩短为3年（脱毒原原种、脱毒原种、脱毒一级种）的种薯繁育体系。

三、马铃薯脱毒种薯生产的程序

1. 马铃薯茎尖剥离

选择健康的种薯，待其自然条件下发芽后，当芽长3cm左右时，在50~200倍解剖镜下进行剥离，剥离到茎尖完全露出后，选择顶端芽长0.1mm、携带1~2个叶原基的茎尖，切下来放置到试管内培育。

2. 试管苗培育

将切下来的茎尖放置到试管内，在一定的光温条件下进行培育，大约需

要4个月时间,长成长约10cm的试管苗。

3. 病毒检测

对试管苗进行各种病毒检测,鉴定出不带任何病毒的试管苗。

4. 原原种繁育

将不带任何病毒的试管苗经过大量切断繁育,移栽到温室、网室内,经过一定时间的生长发育,收获后获得的种薯为原原种。

5. 原种繁育

将原原种种植在隔离条件好的区域进行繁殖,收获的种薯为原种。

6. 一级种薯繁育

将原种种植在有一定隔离条件的区域进行繁殖后,收获的种薯为一级种。

四、马铃薯脱毒种薯繁育体系

脱毒种薯繁育体系为三级制,如图4-1所示。

在该体系中,由科研单位进行适销品种的茎尖组织培养,结合病毒检测获得脱毒苗,提供给有设施条件的种薯生产单位在无菌条件下利用茎切段扩繁脱毒苗,在防蚜温室或网棚繁殖微型薯原原种,在隔离条件下生产原种,提供种薯繁育户繁殖一、二级种薯,用于生产。脱毒苗的制取和繁殖是无毒种薯生产的第一个环节,它的成败直接影响脱毒种薯生产的成败。

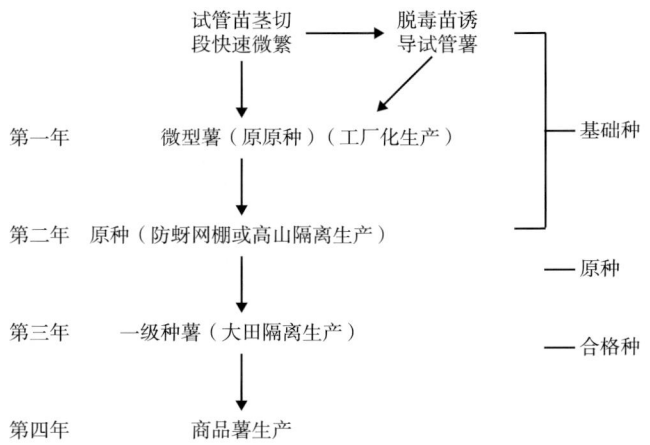

图4-1 马铃薯脱毒种薯繁育体系示意图

在原种、一级种薯繁殖过程中，田间应及早拔除病株，根据蚜虫迁飞规律及时防蚜、灭秧等。

第三节　原原种繁育技术

一、脱毒苗繁殖

（一）材料的选择和处理

（1）根据农业生产和市场导向选择有经济效益和实用价值的品种。

（2）将选好的品种采用秋季播种（尽量避开生育期高温出现）缩短生育期，不管品种生育期长短，一般都要求生长60~70d的无病害薯块。将收获的马铃薯存入15~20℃的窖中自然打破其休眠期，在薯块芽有白质点时放于通风透气、温度20~22℃的条件下使其发芽。

（二）脱毒苗的制取

（1）将发芽的薯块放于散射光下使其芽顶变成绿色。

（2）从薯块上将绿芽剥下，切下0.5~1cm芽尖用自来水洗1~2min，用无菌水冲洗1~2min，然后浸入75%的酒精中30~40s（不可用次氯酸钠或氯化汞）进行灭菌处理，随后再用无菌水冲洗3~5次，置于无菌滤纸上吸干水分，在无菌条件下于解剖镜下剥取带一个叶原基的茎尖生长点（0.2~0.5mm）并迅速接入组织脱毒培养基中。通常将三角瓶置于22~25℃，光照强度2 500~3 000lx，光照时数14~18h的条件下培养，25~30d可看到伸长小茎，叶原基形成可见小叶，此时及时转入无生长调节剂的培养基中。30~50d即能发育成3~4个叶片的苗子。以单株为系重复以上制取过程3~4次。最后将形成的苗子以单株按单节切段进行扩繁，每隔15~20d扩繁一次。

已经明确引起种薯退化、减产的主要病毒有PVY、PVX、PVS和PLRV。茎尖脱毒结合病毒检测获得脱毒苗，进而生产脱毒种薯是解决既有品种受病毒为害的唯一有效方法。对PVY和PLRV容易脱除，对PVX和PVS

则不易脱除,实践证明茎尖脱毒前进行热处理,即将要脱毒品种的块茎催芽后,经4~6周36℃的热处理后,再进行茎尖组织培养脱毒,可提高PVX和PVS的脱毒率67%。另一个与脱毒率有关的因素是剥离的茎尖大小,只带一个叶原基、0.1~0.2mm的茎尖可显著提高脱毒率。茎尖发育成苗后,进行病毒检测,目前用于病毒检测的抗血清可检测PVX、PVY、PVS、PVA、PVM和PLRV。

(3)以单株为系进行扩繁,苗数达150~200株时,随机抽取3~4个样本,每个样本为10~15株利用ELISA(酶联免疫吸附测定)血清学检测方法和指示植物鉴定法进行病毒检测。通过鉴定,带有病毒的株系淘汰,不带病毒的作为基础苗进行扩繁。

(三)脱毒苗的快速繁殖

脱毒苗的快速繁殖分为基础苗繁殖和生产苗繁殖两个过程。培养基成分见表4-1。

表4-1 马铃薯脱毒苗繁殖培养基组成

试剂名称	用量/(mg/L)	试剂名称	用量/(mg/L)
NH_4NO_3	1 650.000	KI	0.830
KNO_3	1 900.000	$Na_2MnO_4 \cdot 5H_2O$	0.250
$CaCl_2 \cdot 2H_2O$	440.000	$CuSO_4 \cdot 5H_2O$	0.025
$MgSO_4 \cdot H_2O$	370.000	$CoCl_2 \cdot 6H_2O$	0.025
KH_2PO_4	170.000	糖	25 000~30 000
$Fe \cdot NaEDTA$	36.700	维生素B_1	0.400
H_3BO_4	6.200	维生素B_6	0.500
$MnSO_4 \cdot H_2O$	16.900	甘氨酸	0.400
$ZnSO_4 \cdot 7H_2O$	8.600	烟酸	0.500

(1)一般情况下,基础苗的繁殖要求相对高温、弱光照,使其节间距拉长,木质化程度相对较低,以利于再次繁殖早出芽及快速生长,加快总体繁殖系数。

具体条件为：培养温度25~27℃，光照强度3 000~4 000lx，光照时间10~14h，采用人工光照培养室进行培养。在每一代快繁中，切断底部（根部）的脱毒苗转入生产苗进行繁殖，其他各段仍作为基础苗再次扦插。

（2）生产苗的繁殖要求相对低温，强光照使苗壮、茎间短、木质化程度高，利于栽植，且成活率高。

具体条件为：培养温度22~25℃，光照强度3 000~4 000lx，光照时间14~16h，采用自然光照培养室进行培养。20~25d为一周期，待苗长出5叶5cm以上时，从培养室取出打开盖顶，在室外锻炼4~6d即可移栽。

二、试管薯诱导

由于生产试管薯不受季节限制，且易于贮藏和运输，具有广泛的应用前景。脱毒苗移栽需要严格的管理，且成活率较低；试管薯易获得全苗，高产。及时诱导试管薯可解决脱毒苗多次继代繁殖易导致生长衰退或重现病毒的问题。生产试管薯大多采用液体MS培养基，茎切段在（22±2）℃、14h条件下培养25d，换入诱导培养基（MS基本培养基，加入6-BA 5mg/L、矮壮素500mg/L，也可再加入0.5%活性炭等），保持全黑暗30d即可收获。据研究，调整试管薯诱导培养基的某些激素或盐类配比，降低培养基中的总氮水平和NO_3^--N/NH_4^+-N的比例，有利于提高试管薯的成薯指数（成薯指数=每瓶薯数×薯块直径×薯块重量）。

三、微型薯生产

微型薯是利用脱毒苗或试管薯在防蚜温室或网棚中繁育的小型种薯（即原原种），微型薯是种薯繁育的核心种，生产多少、质量优劣都关系到合格种薯生产的数量和质量。其基本生产方式有两种，一是基质栽培，二是营养液雾化栽培。

马铃薯脱毒微型薯的生产是当今世界马铃薯生产的一个主要生产技术，而微型薯生产是该技术的重要环节，通过几年的试验研究和生产实践，形成了一套行之有效的马铃薯微型薯生产技术，其内容要点如下。

（一）脱毒种苗选择

生产微型薯种苗要求叶片3叶以上，长度5cm、健壮、无污染，在自然光照下打开器具盖锻炼4~6d移栽。

（二）生产方式及措施

1. 生产方式

生产方式见图4-2。

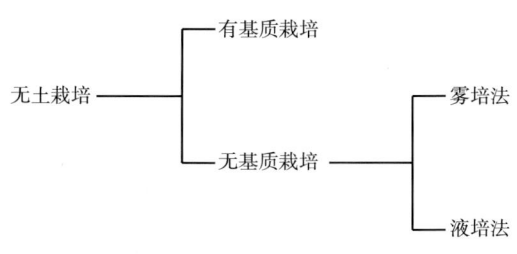

图4-2　生产方式

2. 生产措施

（1）有基质栽培。马铃薯微型薯生产目前主要是无土栽培的有基质栽培。无基质栽培马铃薯生产上现大多采用雾培法。

基质：蛭石、泥炭土、珍珠岩、森林土、无菌细沙。通过几年的实践，大规模使用蛭石安全、运输强度小，且易操作，还能再次利用。蛭石要求pH值≤8.2，颗粒直径2~4mm，膨松且杂质少。

使用方法：将蛭石装入生产容器或平铺于地面，但要和土壤隔离。厚度为8~10cm，用水浇透，直至有部分水从蛭石中渗出，减少蛭石盐分的积累。

栽培环境及处理技术：有基质栽培，最好采用日光节能温室或全自控温室，以便于生产间隙期高温处理并预防病毒病源。因为马铃薯的常见病毒在58℃以上会自然死亡，从而有利于地面或起架再次种植。

土壤处理：将日光温室或自控温室土地，除去杂草整平，然后在地表每公顷施纯氮60~70kg、纯磷45~60kg、纯钾60~70kg。适当施用一些腐熟好、无病害（特别是无病毒病）的农家肥。将化肥、农家肥同时翻埋于土壤15~20cm，最后地表整平、夯实。

设施安排：在整理好的地表，平铺尼龙网或其他与土壤隔离且透水的隔离层，在隔离层上用无菌新砖分成1~1.2m宽且与棚等长的小区，基质（蛭石）直接倒入小区中，然后在日光温室的屋顶棚膜下面安装防虫网及备用的遮阳设施（冬季可用草帘或保温被代替）。

棚内高温处理：在完成以上工作后，将温室的棚膜封闭，去掉上面遮阳的一切障碍物，使棚内温度升高，通常天晴时高温可达60~70℃，连续处理6~7d，即可杀死真菌、细菌和病毒。

种苗移栽：将自然光照锻炼的脱毒苗，从试管中取出，洗去培养基，用生根剂（萘乙酸）浸泡3~5s，然后移于蛭石中，脱毒苗以2叶露出蛭石最好，栽苗密度为180~220株/m²。

保湿：将移栽于蛭石的脱毒苗用小拱棚覆盖（白色棚膜为宜），苗成活后去掉小拱棚（5~8d）。保湿阶段不能使蛭石干涸，湿度应达100%，温度25~28℃，若温度太高，如大于30℃则会产生烧苗现象。

浇水：保湿阶段结束后（苗成活），要及时浇水，整个生育期含水量以50%~60%（将蛭石用手捏，蛭石不能成块且不出水）为宜。

浇营养液：无土栽培的有基质栽培生产微型薯，1~5周每升营养液的成分为KH_2PO_4 0.50g、NH_4NO_3 0.31g、$MgSO_4 \cdot 2H_2O$ 0.50g、Fe盐0.03g。6~7d浇一次，每次浇量以1.5~2.0L/m²为宜。5周以后如不遇特殊情况一般不再用营养液，按照大田管理。

喷农药：微型薯整个生育期要及时防治病害，特别是真菌病害。每周喷一次，用量看说明，多种农药交替使用，根据经验，代森锰锌、甲霜·锰锌、霜霉疫净、杀毒矾、安泰生、雷多米尔是几种控制真菌病害的较为有效的农药。第一次防病害时最好用代森锰锌和甲霜·锰锌。对马铃薯晚疫病提倡预防为主，防治结合。

对已生产过一次微型薯的地块和再次利用的蛭石，必须注意细菌性病害的防治。其防治措施是将1 280万~1 300万单位的医用青霉素（不能用农用链霉素）兑水10~15kg，并与1%的高锰酸钾混合，喷洒于铺平的蛭石中，然后用水浇透，使一部分药剂进入土壤，并在幼苗保湿期再用医用青霉素喷防一次。

管理：待幼苗长到7~8叶时，培蛭石一次（厚5~6cm），注意防止病源的侵入，特别是病毒的侵入，严格控制带病植物、带病昆虫进入棚内，棚内禁止吸烟。

收获：待80%的薯块长至1.5g以上收获。

收获微型薯保存：微型薯收获后及时晾晒，并喷洒真菌和细菌农药一次，待表皮无水分后入窖贮藏。窖温1~10℃为宜，湿度50%~80%。

（2）无基质栽培——雾培法。

雾培法的原理：利用营养液雾化后接触于脱毒苗根部，供其营养使其吸收而完成生育期的培养方式（栽培方式）。

营养池构造：利用1mm的雪花钢板制成宽60cm、长600cm、深30cm的无盖容器作为营养池，接进水管和出水管，进水管连接雾培管，雾培管连接喷头。栽苗用压缩泡沫板，整个容器用活动式支架支起。营养液置于地下的营养池中，雾化利用外接泵和时间控制器（图4-3）。

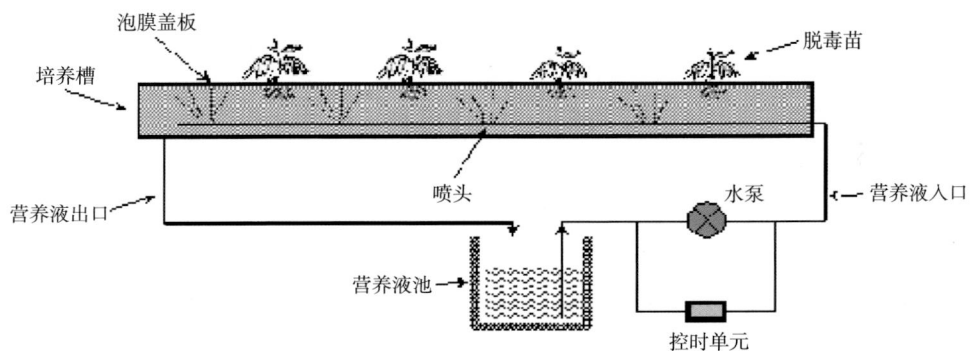

图4-3 雾化栽培设施模式

栽苗方式：当试管苗长出7~8叶，将试管苗用海绵球固定于压缩板的开孔中，密度为60株/m^2。

营养液成分：前期氮、磷、钾的总量0.9g/L，其比例为48.5∶52.0∶54，辅助加入$MgSO_4 \cdot 2H_2O$ 0.5g/L，Fe盐若干克；后期N、P、K总量为1.10g/L，比例为48.0∶57.0∶54，加$MgSO_4 \cdot 2H_2O$ 0.6g/L，铁盐若干克。

雾喷时间：前期每隔2min喷30s，后期每隔3min喷40s。

收获：在结薯后，随时摘取合格薯（2g左右重）直到植株萎蔫失去活力为止，一般一株生产60~120粒合格薯。雾培法生产的微型薯烂薯率很高，其原因主要是雾培生产的微型薯气孔比有基质生产的微型薯气孔大得多，病菌易于侵入导致。通过多次的试验研究，认为采取1 400万单位的农用链霉素（不能用青霉素）与杀毒矾混合喷洒微型薯，晾干后其效果非常理想。

第四节 原种高产栽培技术

马铃薯种薯生产,除满足一般的栽培技术之外,尚有一些特殊的要求。马铃薯脱毒原种生产就是将脱毒苗生产的微型种薯(即原原种)在大田土壤中种植、收获的农业栽培技术的实施过程。

一、原种生产中的特殊技术要点

要防止病毒的感染,在病毒病害多发区采用网室种植;在病害少的地区如高海拔(适宜种马铃薯的海拔范围)或无马铃薯等同病源作物的地方采用自然隔离种植。

此外,马铃薯属忌氯作物,不能施含氯的肥料(如氯化铵、氯化钾);微型薯的休眠期较长,切忌种植未通过休眠期的原原种;原种生产要求种植在肥水条件较好的地块。

二、产量指标及构成因素

产量指标:1 000~1 500kg/亩。

产量构成因素:每亩保苗5 000株,单株0.3~0.5kg。

三、原种繁育栽培技术规程

1. 播前准备

(1)选茬。前作以禾本科及豆类作物茬为好,忌连作,轮作年限应在3年以上,不宜与茄科(烟草)等作物轮作。

(2)整地。马铃薯是地下块茎作物,对土壤空隙度要求较高,前作收获后,及时深耕20~25cm,犁土晒垡,达到墒饱地平,土细疏松。地下害虫和鼠害严重地块,结合耕地每公顷施4.5~7.5kg辛硫磷毒土防治。

(3)种薯(原原种)的选择和处理。选择已通过休眠期(开始露芽),重1.5g以上的无病毒及其他病害的原原种。注意:未通过休眠期的原原种一定不能种植,因为原原种的休眠期较长,当年收的原原种要采用人工打破休眠的方法，一是热冷交替处理，二是药物处理。

2. 科学施肥

以含钾较多的农家肥为主，增施一定量化肥，重施底肥。

（1）施肥量。每亩施以厩肥、炕土、草木灰、羊粪等为主的农家肥1 000~2 000kg，每亩施化肥纯氮10kg、纯磷5kg、纯钾10kg。

（2）施肥方法。把农家肥和2/3的化肥混合作基肥，集中条施或穴施（不能施含氯元素的化肥），剩余的1/3化肥在马铃薯现蕾期进行追施。

3. 精细播种

（1）适期播种。播种期以10cm地温稳定通过8~10℃为宜，一般为4月上旬至6月上旬。

（2）合理密植。原种生产的原则是增加繁殖系数，因此密度要大，一般生产密度为5 000株/亩。

（3）播种方式。实行垄沟种植，每垄种两行，垄幅为80cm，沟深为10cm左右。垄上行距为30cm，以垄中线为界等距种植，株距为24cm。播种深度10~12cm，一般采用开穴点播或机械种植方式。

垄沟种植的目的有两个，一是易排易灌并减轻土壤板结；二是薯块形成均在垄中，保证种薯不出现畸形。

（4）地膜覆盖栽培。地膜覆盖栽培是解决高海拔地区前期低温的一项有效措施。其栽培要点是垄上覆膜，其他栽培同上。

4. 田间管理

（1）查苗补苗。出苗后及时查苗补苗，保证全苗。

（2）中耕锄草。现蕾前（苗高16~20cm）中耕10~13cm，现蕾期浅锄6~10cm，起到松土、除草、保墒的作用。

（3）培土。现蕾期从垄的两侧各取5~6cm的土，从垄沟取6~8cm的土培在垄面，使之形成18~20cm高的垄，结合培土追施速效氮肥、速效钾肥。

（4）病虫害防治。马铃薯病害防治是重中之重，原则是预防为主，防治结合。常用农药有代森锰锌、甲霜·锰锌、霜霉疫净、杀毒矾、安泰生、雷多米尔等，一般要求在干燥、雨水少的季节7~15d喷施农药一次，如果雨水多，湿度大，要求一周喷一次，一旦发现病害，每天喷一次农药直到完全控制为止，一般几种农药交替喷施，不能单用一种农药，细菌性病害用农用链霉素按说明并结合真菌性病害防治进行。

（5）防霜冻。在高海拔地区没有绝对无霜期，种植马铃薯在苗期注意防霜冻，特别是地膜覆盖种植更为重要，防霜冻方法为烟雾法。

（6）灌溉。苗出全后，有条件的地区可灌水一次，现蕾期培土后灌水一次，注意不能积水。

5. 收获与贮藏

（1）适时收获。茎叶呈现黄色，中基部叶片枯萎，薯皮老化，薯块易从脐部脱落时收获。

（2）贮藏。入窖前清除病薯、烂薯和有伤口的薯块，入窖时轻轻倒放，防止碰伤，窖内薯堆不宜过厚，堆放数量不能超过窖量的2/3，有效面积堆放薯应在250~320kg/m^2。贮藏期间两头防热，中间防冻，窖温保持1~3℃，并注意通气。

第五节　一级种薯繁育技术

一、生产基地

选择适宜地区，集中连片建立一级种薯生产基地。基地内分农户建立繁种档案，加强跟踪管理。

二、生产规模

一级种薯按1∶10的繁殖系数、1 500kg/亩产量水平计算，生产规模控制为供种大田面积的10~15倍。

三、生产规程

除下列几点不同之处或特殊说明外，马铃薯脱毒一级种薯的生产参照执行脱毒原种繁育栽培技术规程。

（1）一级种薯繁殖田用符合质量标准的脱毒原种作种；二级种薯繁殖

田用符合质量标准的脱毒一级种薯作种。

（2）繁种田应集中连片，周围用麦类作物与茄科、十字花科作物相隔离，隔离距离50m以上，轮作年限达到4年以上。

（3）提倡应用20～30g小整薯播种，大种薯切种应从基部开始，按芽眼排列顺序螺旋形向顶部斜切，最后对顶芽从中纵切，以破坏主芽，利用侧芽。保证每个切薯带1～2个芽眼，重达20g以上。切薯时，严格进行切刀消毒，每切完1个块茎，切刀用75%酒精或0.1%高锰酸钾或0.2%汞水浸泡消毒。种薯切好后及时加拌草木灰。

（4）因地制宜确定播种时期和栽培方式。干旱、半干旱地区4月中下旬播种，阴湿冷凉地区4月下旬至5月上旬播种。主体推广宽窄行平种垄植栽培方式，播种宽行距60cm，窄行距20cm，株距37～40cm，密度4 000株/亩；基肥集中条施于种沟内，避免化学肥料与种薯直接接触；培土时从宽行内搂土培植于窄行，苗期浅培5cm，现蕾期高培15cm。高寒阴湿山地、水浇地、低洼地实行垄作栽培，山旱地实施丰产沟栽培，集约化程度高、投入量大的农田采用坑种垄植栽培方式。马铃薯种薯繁育不宜采用地膜覆盖栽培。

（5）脱毒一级种薯和二级种薯实行分户（繁殖户）保管、专窖贮藏，严防品种间、种薯与商品薯间混杂。

第五章

马铃薯配套栽培技术

第一节 马铃薯栽培技术要点

根据不同栽培条件、不同生态区域和不同栽培目的，马铃薯的栽培技术不尽相同。为了充分发挥马铃薯品种应有的增产潜力，增加产量，提高质量，必须根据栽培目的和生态环境，因地制宜地采取相应的丰产、高效优质栽培管理技术。尽管栽培条件差异很大，但根据马铃薯的生物学特性和生长发育规律，栽培技术还是有许多共同之处。

一、播前准备

（一）选用良种

1. 选用优良丰产品种

选用良种包含选用优良丰产品种和优质种薯两个方面。

（1）根据不同的市场需求和用途划分。

鲜薯食用和鲜薯出口用品种：这类品种耐贮藏、运输，薯形美观，表皮光滑，芽眼浅，符合市场要求。晚熟品种休眠期较长，早熟品种较短。炒、蒸、煮食味优良。薯块较大而整齐，产量较高，在贮藏和运输过程中不易腐烂。

油炸食品加工用品种：这类品种薯块的比重高（高干物质含量），低还原糖含量，芽眼浅，适宜各种食品加工用，如炸片、炸条及其他休闲食品等。炸片品种薯块圆形，大小中等；炸条品种为长圆形，薯块大而整齐。

淀粉加工用品种：这类品种淀粉含量高，芽眼浅，薯块大小中等，应用于淀粉、全粉加工和动物饲料加工。

（2）根据生育期的不同来划分。一般在播种后90d成熟为早熟品种；

90~100d为早中熟，100~110d为中熟；110~120d为中晚熟；120d以上为晚熟品种。早熟和中早熟品种一般适合中原二季作、南方冬作区、西南混作区的早熟栽培，也可以在一季作区与晚熟品种搭配作早熟栽培；中熟品种适宜南方冬作区和西南混作区等生长季节较长的地区栽培；中晚熟和晚熟品种只能在一季作区种植，不能在中原二季作区种植。

另外，在选用品种时，除了生产性、适应性和用途外，还必须稳产，即必须具有良好的抗病性和抗逆力。因此，二季作区应选用结薯早、块茎前期膨大快、休眠期短、易于催芽秋播的早熟或中熟品种。一季作区要求耐旱，休眠期长的中晚熟或晚熟品种。间套作要求株型直立、植株较矮的早熟或中早熟品种。应结合用途，选用各种抗病性强的专用型品种。

2. 选用优质种薯

目前，我国已经育成了170多个优良品种，加上近年来从国外引进的各类专用品种，在生产上应用的主要品种有50多个，但许多品种的病毒性退化严重，使这些品种丧失了丰产性。因此，优良品种还必须与脱毒技术相结合，经过病毒脱除，生产无病种薯。只有在生产上应用优质脱毒种薯，才能充分发挥优良品种的丰产性和优良品质。

（二）播前催芽

播前种薯处理有利于防止为害薯皮的病原菌侵染，如果是薯皮病害高发地区，应在播种前用杀菌粉剂处理种薯。

如直接播种黑暗冷藏的休眠种薯，植株出苗缓慢，且幼嫩的芽在土壤中易受病菌侵染。播前已发芽的种薯播种后会立即形成根系，加速出苗。播前催壮芽促使播后早出苗、出苗整齐、生长一致，早结薯、早成熟，获得高产，春薯催芽播种比不催芽可增产10%以上，在生长季节短的情况下，播前催芽尤其重要。在播种时，种薯应当具有长度为1~2cm短而壮的幼芽。理想的催芽结果如图5-1所示。

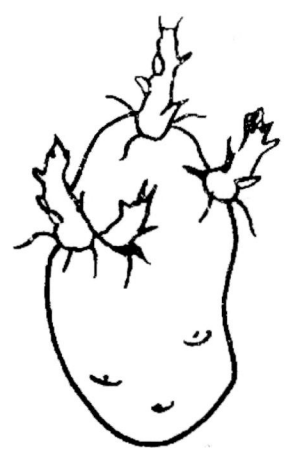

图5-1 理想的催芽结果

1. 正确的催芽方法

贮藏窖温度低或休眠期长的品种,应在播种前4~5周将种薯从冷藏窖中取出,放在室温(18~20℃)黑暗下暖种、催芽。幼芽长出几毫米后,温度降至8~12℃,种薯逐渐暴露在散射光下壮芽,以免在播种时损伤和播种后受病害侵染。块茎堆放以2~3层为宜,不要太厚,否则下层薯块芽太长。在催芽的过程中应采取措施使发芽均匀粗壮。冬季贮藏窖温度在4℃以上时,休眠期很短的品种易发芽,这类品种在秋季生产种薯时应推迟播种期,以延长其休眠期,春播前要早出窖,早把薯块放在散射光下壮芽。

如果播种前种薯完全没有通过休眠,则可用物理方法和化学方法人工催芽。物理方法即在播前选择健康未发芽的小整薯用锋利的消毒刀在种薯芽旁边切一定的深度。化学方法是用一定浓度的赤霉素(视种薯的休眠深度,每升5~20mg)、硫脲(0.1%~0.3%)等溶液喷洒、浸泡种薯一定时间后催芽。

2. 催芽期间注意事项

不能直接放在光下,而应放在阴影下;不能装在袋子里堆在一起,而应放在浅筐或一层层铺在架子上或干净干燥的地板上;小心处理以防止断芽;保存在通风良好的地方;避免雨淋和霜冻。

当然,种薯催芽将增加额外的劳力和用具费用支出,但是在生长期间短和高寒地区及二季作地区播种时、种薯较小或较弱、播种时土温较低、有腐烂和受病原菌侵害的风险、有播种期延迟的风险、需要整齐出苗和作物生长的需要等情况下还是应该催芽。

(三)正确切块

与整薯播种相比,切块通常导致减产,但是在播种时如果种薯仍未通过休眠或者处于顶芽优势阶段,切块将有助于早出苗和每个种薯形成多茎。如果种薯太大,切块可节省种薯,提高繁殖系数,改善群体茎叶的分布,增加每个种薯的茎数和刺激早发芽。切块的主要缺点是增加种薯带病传播的风险和引起种薯腐烂而导致缺苗。许多病害,如马铃薯病毒病、晚疫病、青枯病、环腐病等可通过切块用的刀传播。当播种地块的土壤条件不良,如太干或太湿、太冷或太热,或种薯的生理年龄太老时,易引起切块的腐烂而不应切块,切块越小腐烂率越高。薯块太大,应在春季整薯催芽后播种前切块。秋季因温湿度高,切块易腐烂,一般不能切块。

1. 正确的切块方法

选择健康的已经催芽的较大种薯块茎，用经消毒的锋利刀具将种薯切成重量为35~45g的切块，每个切块必须带1~2个芽。在切块时，应尽量使伤口小而不能将种薯切成一片一片。切块的伤口应立即用含有杀菌剂的草木灰拌种，不使伤口变干，使伤口有一定的时间愈合。一般在15℃、相对湿度为85%的环境下，伤口愈合时间约4d。切块时，根据薯块的大小和芽眼的分布可以采取横竖切或环切等不同的切块方法，如图5-2所示。切块使用的刀具应在切块过程中不断地用75%的酒精浸泡或擦洗消毒，以防病害传播。

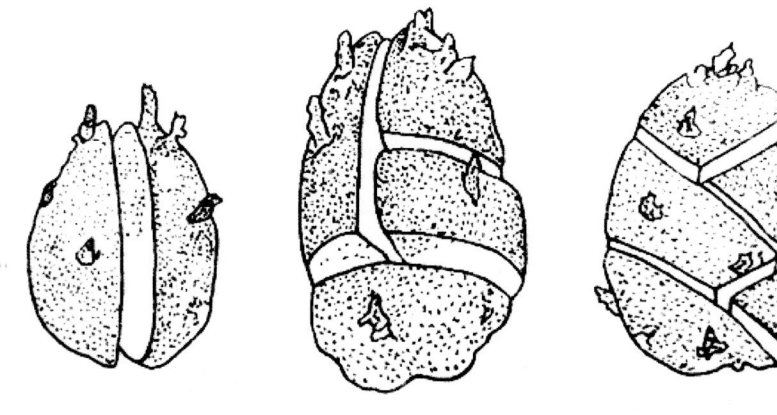

图5-2　不同的切块方法

2. 防止切块腐烂的措施

最重要的是在切块后和播种之前使切块的伤口愈合，形成新的皮层。伤口愈合时间的长短与品种、种薯年龄、环境温度、相对湿度和空气中氧气的含量有关。一般情况下，新的幼嫩种薯比衰老种薯愈合要快，温度在21℃以上，相对湿度越高的愈合越快。但是高温高湿同样有利于有害生物的生长和繁殖而使薯块腐烂，因此，在实践中薯块应在不高于15℃和相对湿度85%的条件下处理4d左右使伤口愈合。另外，在切块后，伤口应立即涂抹含有15%杀菌剂的草木灰以防腐烂。

（四）提倡整薯播种

1. 整薯播种的优点

（1）出苗整齐，获得高产。在种薯切块时，病毒和细菌性病害可通过切刀传病,播种后切块种薯易腐烂而缺苗断垄,长出的马铃薯植株会感病,造成减产。尤其是细菌性病害,会造成土壤传病,影响后茬作物及造成贮藏期间腐烂。尽管切刀消毒可以防止切块时病害传播,但比较麻烦并且很难杜绝切块感病。即使是健康种薯,切块后若切面愈合不好,也易造成切块腐烂和缺苗断垄。而整薯播种将避免以上问题,催芽后出苗整齐,结薯期一致,生长的薯块整齐,商品薯率高,一般情况下均比切块增产。

(2)整薯播种时种薯不易失水,抗逆性强,耐干旱,病害少,增产潜力大,有利于高产稳产。

2.适合的种薯大小

实际生产中,一般用种的大小为35~80g。大种薯发芽比小种薯快。因此,为了保证作物的整齐度,在播种时应将种薯按大小分级,并淘汰有病种薯,用大小较整齐的种薯。从节省种薯的角度,一般使用35~50g大小的种薯较适合。但整薯播种,20g左右大小的种薯也可获得高产。用整薯播种一定要提前催芽。

二、耕作准备

(一)深耕地

1.土温和土壤墒情

播种时的土温和土壤墒情会影响出苗的早晚。根系形成和植株的早期发育需要合适的土壤水分和温度。低温干旱会延迟出苗,在高温高湿下种薯会因缺氧而腐烂。当土温低于6℃时,芽停止生长,最后会直接形成小薯而影响出苗。

土壤水分会降低土温,在较热的地区或季节种植马铃薯,早期灌溉将有助于降低土温。种薯本身富含水分,通常在播种后到出苗前不需立即灌溉。但是,种薯应播在湿润的土壤中,若太干,种薯失水,幼根、幼茎的发育延迟,同时茎数减少。而早期幼根的发育有利于种薯从土中吸收水分增加幼苗活力。土壤通透性差会严重影响根系生长,水涝和过度的灌溉会导致烂根和早期植株腐烂。一般在干旱地区春季播种,在整地前1~2周灌第一次水。播种深度和整地方法会影响土温和土壤水分,播种深度应根据土壤条件进行调节。在干旱、高温条件下应深播,在湿润、低温时应浅播。若经济条件允许，可在播前或播后覆盖地膜，以保温保墒。

2. 深耕、整地

马铃薯生长需要15～18cm的耕作深度和疏松的土壤。深耕可使土壤疏松，通透性好，消灭杂草，提高土壤的蓄水、保肥能力，有利于根系的生长发育和薯块的膨大。如果耕地不够深，幼苗生根浅并横向生长，植株在早期生长期间将不耐干旱，抗逆性差。但是只有在土壤结构较好的地块才宜深耕30cm。整地的主要目的应有利于根系的快速生长和出苗，应精细整地，使土壤颗粒大小合适，避免大土块。马铃薯幼根的穿透力较弱，精细整地有助于其生长发育，同时缩短出苗时间，使土传病害或其他环境因素引起的种薯腐烂降低到最低限度。

3. 作畦

马铃薯一般应在水浇地垄播，垄的方向和设计应根据行距、土温、浇水沟的情况而定。一般早熟、中早熟品种的行距为65cm，晚熟品种为70cm，若机械化耕作栽培，一般为90cm。在干旱、寒冷地区，一般平播，播种后要等植株长到15～20cm高时再培土作垄，而不宜太早。在二季作区秋播时，由于高温多雨，应起垄播于垄背或垄的侧面上，以防止种薯腐烂并有利于排除积水。不同的作畦方法对温度的影响如图5-3所示。

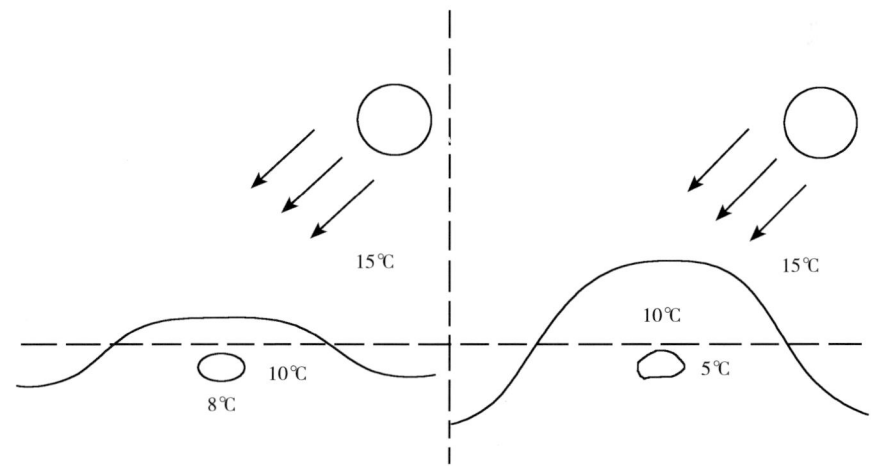

图5-3　不同的作畦方法对温度的影响

（二）施足基肥

施足基肥，有利于马铃薯根系充分发育，不断提供植株生长发育所需的养分。

1. 对各种营养成分的需求量

与其他作物一样，马铃薯的施肥量取决于土壤的理化性质和植株对营养成分的需求量。一般土壤肥料的氮、磷、钾比为1∶1∶2，但在pH值高于7的土壤中，磷、钾肥的需求量较大。前茬作物和栽培目的（早熟鲜食、晚熟冬季贮藏、加工和种薯生产等）也影响施肥量。一般亩产2 000kg产量需要氮素10kg、磷素4kg、钾素23kg、钙素6kg、镁素2kg。每亩氮肥用量很难准确估算，详见表5-1（数据仅供参考）。肥料实际施用量应略高于理论数。

表5-1　根据不同生产目的每亩氮营养的需求估计量

生产类型	品种熟性	氮素/（kg/亩）
种薯	早熟、中早熟	7～8
	晚熟	5～7
早春鲜薯	早熟	8～10
冬季贮藏秋薯	中熟	10～12
	晚熟	7～10
工业和食品加工	中晚熟	8～12

2. 施肥方法

在土壤肥沃的情况下，为了避免植株徒长，可把全部氮肥的2/3作基肥，1/3作追肥。磷、钾肥应在基肥中一次施足。肥料深施而利于根系的吸收。土壤肥沃时，氮、钾肥易溶于水，可以撒施，而磷肥随水移动较慢，施在根系附近更有效。土壤贫瘠时，沟施或点施更有效。重施基肥可把农家肥和化肥混合施用。农家肥对马铃薯生产非常有利，除了供给氮素外，还有利于改善土壤结构，增强保水能力，减少肥料流失，提高肥料利用率。但要注意施用充分腐熟的农家肥。新鲜和未腐熟的农家肥应在播种前2～3个月施用。有机肥或农家肥的种类多、差异大，最常用的量为每亩1～2t猪牛粪，鸡粪应减少用量，因为鸡粪含有更多的氮、磷、钾。

（三）合理安排作物茬口和间（套）作

一般情况下，马铃薯不会在轮作制中引起任何严重问题，通常被认为是土壤清洁作物，非常适合作禾本科作物的前茬。另外，由于叶冠层覆盖面积大，不利于田间杂草生长，在不用除草剂的地区尤其受农民的喜爱。但是，有许多病害是土壤传播并能在土壤中存活很多年，因此在安排轮作作物时，首先应避免有相同土传病虫害的作物连作。为了防止收获时遗留在田间的薯块再生长，防止前后茬不同品种的混杂，防止土传病虫害（如青枯病、晚疫病、黑胫病和线虫）的大流行，在作物轮作中，马铃薯地块应每隔4年种植一次，最好5~6年。茄科作物因与马铃薯同科，有相同的病害侵染而不能作为前茬。另外，马铃薯植株需要良好的土壤结构，其前茬应避免破坏土壤结构的作物，如水稻，而豆类作物非常有利于下茬马铃薯的生长。

为了提高复种指数和经济效益，马铃薯可以和玉米、棉花等作物间（套）作，严格禁止与其他茄科作物（如番茄、茄子等）以及吸引蚜虫的作物（如油菜等）间作。

三、田间管理

（一）适时播种

1.播种期

因低温影响出苗，所以播种期至关重要。在无霜期短的高寒地区，晚熟品种的早播非常重要，但应考虑早霜的危害。在低热地区，早熟品种应早播而避免后期的高温，同时早播早收早上市，增加经济效益。但不能忽视适时播种，若播种太早又不用地膜覆盖，会因地温低而影响出苗。催大芽的种薯，在地温太低时早播，种薯在幼芽处产生子块茎，造成严重的缺苗断垄，不能获得高产。适时播种是指在土壤10cm深处，地温达到7~8℃时播种。如果是已大量发芽的种薯，应适当晚播。地膜覆盖可提高地温3~5℃，一般播期能提早10d左右。

2.播种深度和出苗期

从播种到出苗是马铃薯栽培中的一个重要时期。出苗期受种薯的质量、地温和土壤含水量的影响。衰老、芽弱的种薯应在土温较高时播种，并应比具有壮芽的种薯浅播。地温低而土湿应浅播（深3~5cm），反之在地温高而干燥的地区宜深播（约10cm深）。在上述两种情况下，种薯最后的深度应在出苗后通过培土调节。

3. 播种密度

植株密度取决于生产类型和栽培品种的熟性。单位面积上茎数多将有利于生产较多的薯块，但薯块的平均大小会减小。商品薯栽培，一般早熟品种的株、行距分别为25cm和60cm，而中晚熟品种分别为30cm和70cm。种薯生产时，为了增加小块种薯的数量，一般密度较大，早熟品种一般株、行距分别为20cm和60cm，中晚熟品种则分别为20cm和70cm。

（二）加强田间管理

马铃薯从播种到出苗一般20d左右，时间较长的30~40d。马铃薯生长期管理的重点是前期中耕除草、追肥、培土，后期排水、灌水和防治病虫害。

1. 除草

为了减少杂草与马铃薯争光照、争养分，同时除去与马铃薯有相同病虫害的杂草寄主，改善马铃薯植株地上部分生长的通风透光条件，从而减少真菌性病害的发生，应在马铃薯齐苗后及时除草。一般在植株封垄前除草2~3次。

2. 追肥

视苗情追肥。一般早熟栽培因生长期短，后期气温高易徒长，施足基肥后不追肥。追肥宜早不宜晚，宁少毋多。追施方法可沟施或点施，但施后要及时灌水，使肥料溶解，有利于根部吸收利用。

3. 培土

一般结合中耕除草培土2~3次，植株封垄前培完。第一次培土要早，有利于促进早结薯，出苗后苗高15~20cm时进行第一次培土，在现蕾期进行第二次培土，在植株开花期封垄前培完。培土要尽量高，以利于薯块生长发育和膨大，并防止块茎外露变绿，影响食用品质和商品性。

4. 灌水

相对于禾谷类作物，马铃薯较抗旱，但要高效优质栽培必须保证有足够的水分供应。在整个生长过程中，土壤含水量保持在60%~80%比较合适。

（1）不同生长时期灌水。

从播种到出苗：播种后种薯和芽应该被潮湿的土壤包围以促进根的生长和快速均衡出苗。若太湿会引起土壤和根缺氧，最终引起种薯腐烂。结构差的土壤，过多的雨水或灌溉会导致土壤板结从而延迟出苗。因此在出苗前最好不要浇水，以防止种薯腐烂。

从出苗到结薯期：这一时期，应提供充足的水分以促进茎叶和根系的生长。但是水分太多，植株会产生太多的浅层根，植株生长后期对缺水更敏感。这时期缺水会加快薯块形成（薯块数量少而且小），但会因品种的抗旱性不同而产生较少的薯块。另外，因品种而异，过多的水分会引起较多的薯块。若天气干旱，出苗后应立即灌水，促进苗期生长发育。

薯块膨大期：这一时期茎叶合成薯块膨大需要的营养物质，光合作用异常活跃，叶片的气孔充分开放。因此应给予茎叶足够的水分以补充其蒸发损失。如果这一时期缺水将直接影响薯块的日增长率，也会诱导植株的早衰和缩短作物生长周期，最终导致减产。另外，不规律的供水会引起薯块的不规则生长从而影响薯块品质，造成薯块畸形和裂薯等。尤其是在夏季土壤温度达30℃左右时，对高温敏感的品种严重干旱会引起薯块芽的二次生长。因此，及时灌溉，降低土壤温度，有利于块茎正常生长。田间若有积水应立即排水防涝以免造成块茎腐烂。

（2）灌溉方法。沟灌是世界上大多数马铃薯的灌溉方法。这种方法的主要优点是低投入，不湿植株茎叶，与喷灌相比，更有利于防止茎叶病害的发生。缺点是需较多的劳力，水损失严重，只有50%~70%的水有效地为植株所用，易引起水涝和促进土传病害和烂薯的发生。喷灌在农业机械化程度较高的国家广泛应用，这种方法能更有效地用水，但因打湿植株茎叶可能会导致真菌病害的发生。滴灌不常用于马铃薯生产，这种灌水方式的水分利用率高但投资大，在缺水或盐碱地区有较高的利用价值。

5. 防治病虫害

在没有其他选择的情况下，必须喷药防病防虫。应避免使用残留期长和毒性高的广谱药剂,即应选择使用残留时间短的特效药剂。在晚疫病发生区,对不抗晚疫病的品种,在植株生长期间要采取药剂防治,及时控制中心病株的扩大和传病导致疫病发展。控制虫害除了药剂防治外,也可用引诱物和天敌。对马铃薯为害最严重的害虫是二十八星瓢虫的幼虫,一旦发现成虫应立即喷药。在种薯生产田要及时喷药杀蚜虫,拔除病株、杂株。

6. 各个时期的综合管理

根据上述管理要求,结合马铃薯植株和薯块的发育时期,各时期的管理重点如下。

(1)苗期。出苗后15~20d开始现蕾为幼苗期。管理重点是壮苗促棵。齐苗后,结合中耕除草,进行浅培土。苗高15~20cm时适当干旱,以后及时浇水有利于根系发达。

(2)结薯期。从现蕾期到初花期为结薯期。此时的管理中心为多次中耕除草,及时追肥、灌水,追肥宜早不宜晚,宜少不宜多,施后多浇水。进行一次中耕除草培土,培土应加高加厚,以免块茎外露变绿而影响品质。此期,田间不能缺水,应及时浇水。

(3)薯块膨大期。从初花到植株枯黄为薯块膨大期。管理中心为充分满足水肥需求。封垄前再次进行中耕培土。及时浇水,保持土壤湿润,以保证高产,同时要防止因土温过高而产生二次生长,形成畸形薯影响商品性,禁止漫灌。

(三)及时灭秧和收获

成熟后尽快收获,以减少土传病虫害为害的风险。收获前一周停止浇水,灭秧使薯皮老化,有利于收获和减少机械损伤,尤其是种薯生产田,发现病株或蚜虫迁飞高峰期后10d左右灭秧,可防止和减少真菌、细菌和病毒病的传播和扩散。晴天收获,保证薯块外观光滑,增加商品性。收获后薯块在黑暗下贮藏以免变绿,产生有毒物质,影响食用和商品性。收获时要小心,尽量减少损伤薯皮,损伤的薯块要单独存放使其在贮藏前伤口充分愈合,否则可能会引起烂薯并进一步引起整堆贮藏薯的腐烂。

第二节　宁夏马铃薯栽培特点

宁夏属于西北一季作区。年无霜期在140~170d，年平均温度不超过10℃，最热月平均温度不超过24℃，年降水量200~600mm，马铃薯生产为一年一季，生长期间多为5—9月。西北地区降水量少，且大多分布在7—9月。春季气温低，回暖慢和干旱是本区的气候特征，因此，主要栽培特点如下。

一、深耕促墒

春播土壤墒情主要靠上年秋耕前后贮存的水分和冬季积雪融化的水分。因此在秋季应结合施用有机肥料深耕，增强土壤蓄水保墒能力和养分供应，第二年春播直接开沟播种可减少土壤水分损失，并有利播种后早出苗和幼苗生长。

二、选用晚熟品种

若播种早熟品种，会因播后气温低、干旱、缺肥而引起前期生长缓慢，后期早衰，产量很低。最好在有灌溉条件的地块种植早熟品种早收做菜或生产种薯，但播后应覆盖地膜。一般情况下应播种较抗旱的中晚熟或晚熟品种，在早春时能慢慢正常生长，而雨季与植株生长高峰期和结薯、薯块膨大期一致，可获丰产。另外，雨季到来后易发生晚疫病，因此还应选用抗晚疫病的品种。

三、施肥、播种

一般平播和顺犁沟播种。为了保墒，秋季整好地，春季开沟播种、施肥一次完成，但基肥必须是腐熟的农家肥和化肥，以防烧芽、烧根，播种密度一般每亩3 500~5 000株。西北地区春季风沙大，宜深播，播后覆土10cm左右为宜，并镇压、耱平，有利于保墒和幼苗早发，镇压要根据土壤墒情进行，防止土壤板结。

四、田间管理

根据本区的特点,田间管理的重点如下。

(一)早除草,适当晚培土

前期防止土壤失水,除草宜早锄、浅锄,不宜深锄以免造成水分损失。封垄前培好土,并根据苗情追肥。有灌溉条件的应结合第一次除草追肥灌水,追肥宜早不宜晚。

(二)及时防病治虫

晚疫病流行时要及时防治,发现中心病株时,要把周围的植株作为防治和喷药的重点并及时全田喷药,防止病害蔓延。及时除去环腐病、黑胫病等病株和块茎。发现二十八星瓢虫的幼虫应及时喷药,每隔2~3天喷一次,连续2~3次可控制虫害,喷药时要注意喷叶背面以杀卵从而提高防治效果。

(三)防积水

易涝的地区应在植株封垄前高培土,地头深挖排水沟,防止田间积水。

第三节 加工马铃薯栽培技术要点

马铃薯的内外部质量都易受环境的影响,在栽培的过程中施肥、病虫害防治、生长季节的长短都对马铃薯加工品质有着重要的影响。由于加工用马铃薯在内部品质和外部质量方面都比一般商品薯有着更为严格的要求,因此,在栽培和管理方面,对加工用马铃薯要求得更严。

一、因地制宜,选用适合加工用的优良品种

根据生产的加工薯种类和栽培地区的种植条件和气候特点,选择适应性强、抗病性好的专用加工品种。种薯必须纯度高、健康不带病,薯块均匀一致且无严重的机械创伤,贮藏良好,生理年龄适中,没有腐烂和过分萌芽。

结薯早、块茎前期膨大快、休眠期短、易于催芽秋播的早熟或中熟加工

用品种应选择在二季作区种植。耐旱、休眠期长的中晚熟或晚熟加工用品种应选择一季作区种植。实践中，加工品种多为中晚熟或晚熟品种。

二、做好播前准备，适时播种

1. 深耕整地，及时播种

选好种植地块，在前茬作物收获后及早深耕，深度在40~50cm，开春后，再松耕，深度在25~30cm，松耕后耙平播种。一般沙壤土宜深耕，黏土地不宜深耕。掌握好播种日期是加工用薯优质高产的重要因素，如播期过早若不用地膜，会因地温不够影响全苗，相反，播期过晚会因生育期不够而影响产量。一般当土壤墒情（田间持水量60%~80%）较好时，土温10℃以上用整薯播种。沙性土壤可略早播。播种深度与一般商品薯生产要求相同。播种密度由品种、种薯大小、生产用途和环境条件决定。炸片加工用薯要求薯块大小中等而均匀，种植密度应略高，而炸薯条要求大薯率高，种植密度应低于商品薯和种薯。

2. 平衡施肥，适当多施磷、钾肥，适施微量元素肥料

如有条件，种植前可对土壤进行pH值、有机物、氮、磷、钾、锌、硫、镁、锰、硼、铁、钼、钙、全盐取样测试，并根据测试结果，确定需要施肥的种类和施肥量。施肥要注意营养平衡，以免引起营养元素之间的拮抗作用，影响营养吸收。一般情况下，对于正常的土壤，肥料中氮、磷、钾的比例应为1∶1∶2。适施氮肥，若氮肥过量，会引起植株徒长，块茎的形成发展和发育延迟，易产生小薯、畸形薯和裂薯，干物质含量降低，严重影响加工品质，还会推迟成熟，易感晚疫病、疮痂病。磷可增强植株抗病性，促进适时成熟。磷肥可在生长季节中随灌溉水施入土壤，但必须完全溶解。钾对马铃薯的加工品质如干物质含量、黑斑、贮藏、油炸颜色等有重要影响。适当多施钾肥可以减少薯块黑斑和空心，但钾过度会导致比重降低。钙可以调节土壤结构，保持土壤合适的pH值，对增加大薯率、减少细菌性软腐病等有重要的作用，但钙过量，会引起疮痂病。微量元素镁、锌、硼可减少薯块黑斑。

3. 适时灌溉

灌溉的次数和相隔时间长短应随生长季节的变化而变化。加工用薯生产

田的灌溉要适时适量，在薯块膨大期要均匀供水，始终保持田间湿润，土壤的湿度不应低于田间持水量的65%，否则水分供应不好，会引起裂薯、内部坏死、黑斑、空心等问题。

第四节　旱地马铃薯优质高产高效栽培技术

一、选地与施肥

（一）选地

马铃薯的生产要求轮作换茬，这样可以充分调节土壤肥力，有效防治病虫草害。连作会引起黑胫病、疮痂病等土传病害的加重发生。比较适宜马铃薯种植的前茬作物以禾谷类、豆类、药材为好，应选择地势高燥、土壤疏松肥沃、土层深厚，易于排灌的地块。沙质土壤质地疏松、透气、保肥、排水、保水等性能好，适于种植马铃薯。

（二）整地施肥

秋深耕地，耕深25~30cm，耕后耙糖整平。结合春播前深翻地施入基肥。建议基肥施用量为腐熟有机肥3 000~4 000kg/亩，化肥氮、磷配合，半干旱区栽培施N（纯氮）量7.7~12.6kg/亩，施P_2O_5（纯磷）量6.7~9.1kg/亩，高寒阴湿区施氮量9.5~13.2kg/亩，施P_2O_5量7.3~10.7kg/亩。养分由磷酸二铵、尿素提供，氮素80%基施。基肥适当深施，适当配合施入钾肥，每亩20kg左右，以硫酸钾作肥源，基肥适当深施。为保持土壤养分平衡，实现养分均衡供应，可每亩加施硫酸亚铁复合肥2kg，补充镁、硫、铁、铜、锰、锌等。

二、品种与种薯的选择

优良品种是获得增产增收的基础，不同品种，其适应性、抗病性、抗逆性都有较大的差异。所以，选择品种时，不仅要考虑品种的抗病性、丰产性和对当地生态条件的适应性，还要根据市场需要、产品用途、产品价格等因素全面衡量取舍，以期获得最大的经济效益。

（一）菜用型品种

适宜宁夏地区栽培的早熟菜用型品种有宁薯10号、克新1号、克新6号、费乌瑞它等，晚熟菜用型品种有青薯168、宁薯4号、宁薯12号等。

（二）淀粉加工型品种

适宜宁夏地区栽培的淀粉加工型品种有陇薯3号、宁薯8号、宁薯9号、宁薯14号、宁薯15号、青薯2号、庄薯3号等。

（三）油炸食品及全粉加工型品种

适宜宁夏地区栽培的油炸食品（炸薯条、炸薯片）及全粉加工型品种有大西洋、夏波蒂、底希瑞等。大西洋、夏波蒂对水肥条件要求较高，只有高水肥地区才能有好的产量。

只有优质种薯才能保证优良品种应起的增产作用，劣质种薯使优良品种徒有虚名。可见种薯的选用在生产中具有不容忽视的作用。

优质种薯应具备以下几点。

一是必须具有本品种的优良性状。

二是必须是用严格的繁种技术繁育出来的，最好采用合格的脱毒良种。

三是没有当地主要的病虫伤害和严重的机械损伤。

四是没有感染当地主要的病毒病害。

五是必须具备种薯所要求的大小规格。

六是贮藏良好，没有腐烂和过分发芽。

三、种薯处理

播种前对种薯一般都要求催芽，其目的是能够提前出苗，促使苗齐、苗壮，增加主茎数，促进前期生长发育，提早结薯。

（一）催芽方法

（1）在有一定温度和光照条件的空房或场地将种薯平摊开进行催芽。

（2）在阳光下晒种催芽。

（3）在向阳处挖坑，内铺消毒腐熟的牲畜粪和熟土，其上堆放几层薯块，上面再以牲畜粪和熟土覆盖，顶上覆盖塑料薄膜，四周用土压紧。催芽根据温度的高低，一般需要10~15d，一般以长出0.5cm左右粗壮的幼芽为标准，剔除病烂薯和纤细芽薯，放在阳光下晒种，使幼芽变绿或紫即可。

种薯可用整薯，也可切块，单块重30~50g。切块时要注意切刀消毒，防止病毒传播。一般以0.1%高锰酸钾溶液或75%的酒精消毒为宜。

（二）药剂拌种

切好的种薯薯块可用甲霜·锰锌（切块重量的0.08%~0.25%）、代森锰锌（0.15%~0.44%）、宝大森（0.08%~0.25%）、多菌灵（0.25%~0.75%）、噁霜·锰锌（0.08%~0.25%）药品的可湿性粉剂现切现拌种，随即播种，最好当天全部播种完。这对提高晚疫病防效、增加单株块茎数、提高单株生产力和商品率、减少薯块腐烂、增加产量等都有良好的效果，甲霜·锰锌和代森锰锌是首选药剂。需要特别提出注意的是，生产上要杜绝用三唑酮拌种，否则会造成伤芽绝苗。用适量稀土旱地宝拌种可提高出苗率，增强抗旱性。

四、适时播种

适期播种，一般以4月中下旬播种为宜。播种采用开沟点播，并沟施种肥，种肥以有机肥为主，配合一定比例的氮、磷、钾肥。播种也可采用垄上播、播下垄、点播、坑种等方法。

播种密度可视土壤肥力、水分等条件而定。阴湿、二阴地区一般以每亩3 800~4 200株为宜，干旱半干旱地区一般以每亩2 800~3 000株为宜，播深15cm左右，行距55~60cm，株距随播种密度的大小而定。

五、田间管理

锄草松土：幼苗顶土期闷锄1次，锄深2~4cm，不可伤苗。苗齐后深锄1次。

查田补苗：苗基本出齐后，应及时进行查田补苗，缺苗会造成减产。补苗的方法很简便，找出一穴多株苗掰下一株，连根带土移栽到缺苗的地方。

中耕培土：现蕾期进行第一次中耕培土，10d后进行第二次中耕培土。后期拔大草2次。

追肥：结合第一次中耕培土进行，一般视长势每亩追施尿素5~8kg。

六、防治病虫害

一般6月初会出现第一个有翅蚜虫迁飞高峰期，这时就要开始定期防蚜喷药，每隔7~10d一次，每次以不同种类的农药交替喷施为好。一般用抗蚜威、蚜虱净等效果较好。生长后期注意预防晚疫病，如果7月中下旬出现连续降雨，就要开始注意，一旦田间出现晚疫病斑或中心病株时，立即用甲霜·锰锌、代森锰锌、宝大森药液喷雾防治，每7~10d喷1次，连喷3~4次。

七、收获与贮藏

茎叶枯黄，块茎成熟就要及时收获（图5-4），收获前一周左右割掉地上部茎叶并运出田间，以减少块茎感病和达到晒地的目的。收获后块茎要进行晾晒、"发汗"，严格剔除病烂薯和伤薯。

贮藏窖使用前要进行消毒，将贮藏窖打扫干净，用生石灰或5%米苏水喷洒消毒。块茎入窖应轻拿轻放，防止碰伤。窖内贮量不要过满，不得超过窖容的2/3，窖贮最适温度2~3℃，相对湿度80%~90%。贮藏期间要勤检查，防冻、防热。

图5-4 收获马铃薯

第五节　水地马铃薯优质高产高效栽培技术

一、选择地块

前茬作物以禾谷类、豆类、药材为好，要求土壤疏松肥沃、土层深厚，易于排灌的地块。沙质土壤要求质地疏松、透气、保肥、排水、保水性好等。

二、配方施肥

亩施腐熟农家肥2~4t、尿素20~25kg、过磷酸钙50~60kg、颗粒硫酸钾30~40kg、硫酸锰1.5kg、硫酸锌（必须晒干）1.5kg。

化肥施用一般应在马铃薯播种前7~15d将全部化肥全田均匀播施，或在耙地前均匀撒施，或在起垄时集中施于垄底中线部，上述方法均可防止化肥烧种。若需在施肥后当天播种，则必须保证化肥与种薯水平相隔10cm以上，以免烧种和影响正常生长。

三、防治地下害虫

防治金针虫、地老虎、根蛆等地下害虫钻蛀薯块，提高商品率，每亩用40%辛硫磷乳油800~1 000g进行土壤处理。处理有3种方法：将辛硫磷乳油均匀拌入化肥一同施入，或在起垄前将药剂拌土均匀撒施，或将药剂随水冲施。

四、起垄、播种与覆膜

起垄：一般垄中距应为120~125cm（垄底宽80~85cm，垄沟宽40cm），垄高25~30cm，垄土力求散碎，忌泥条、大块。

播种：在当地小麦出苗初期开始播种。可先播种后覆膜，也可先覆膜后破地膜播种。每垄播种2行，行距25~35cm，播种深度13~15cm，穴距18~20cm。

覆膜：选用宽幅120~140cm、厚度0.007~0.008mm的黑色地膜，亩用量5kg。覆盖黑色地膜具有降温、保湿、锄草、防止绿薯、防高温烧芽等作用。覆膜后随即按照2m间距压小土堆，防止大风揭膜。作业时应尽量保证垄侧地膜无破损。

五、加强培土

苗前培土：为保证马铃薯顺利顶膜出苗、培育壮苗、调节出苗前后温度、保墒、除草，培土时间一般宜在播种后15~20d进行（膜上覆土）。若需在出苗前灌水补墒，则为避免水后取土不便，应在灌水前1~3d培土，将土集中堆放在垄顶，使地膜尽量外露，以免地温降低过大，待浇水后择时将土整平。培土宽度则应尽量宽，覆土厚度5cm，培土要均匀细碎。

苗后培土：在苗齐后进行补充培土，覆土厚度3~4cm。若在终花期出现茎秆倒伏，应再次培土。

六、浇水灌溉

勤浇浅灌，切忌淹垄。出苗前若底墒不足应浅浇灌水一次，灌水量为25~35m³/亩（即少半沟）。在现蕾期前后灌溉第一水，后续灌溉间隔期10~20d，根据自然降水共计灌溉4~5次，每次灌水量以40~50m³/亩（即少半沟）为宜。收获前20d停止浇水。

七、病虫草害防治

晚疫病：从现蕾期开始防治晚疫病，间隔10~15d，共防治3次以上，应交替或联合使用甲霜灵类（如甲霜·锰锌、甲霜铜等）、霜脲氰类（如霜疫净、霜疫清等）、安泰生、杀毒矾等药剂，避免重复使用一种杀菌剂。

病毒病：结合防治晚疫病，混配菌毒清、植病灵等抗病毒药剂。

蚜虫：从初花期开始防治蚜虫，间隔期10~15d，可交替或联合使用、吡虫啉、阿维菌素、菊酯类、Bt等杀虫剂，共防治3次以上。

杂草：可在苗后培土结束时在垄沟表面喷洒地乐胺50g/亩，以防除沟内杂草。

八、叶面追肥

在初花期至终花期可喷施0.15%硫酸锰溶液或0.15%硫酸锌溶液。

九、适时收获

在马铃薯枯秧期收获最佳。收获后在田间晾晒3~5h。装袋时剔除泥土、绿薯、霉烂薯、破伤薯、虫蛀薯、畸形薯、超小薯（小于4cm）、超大薯（大于8.5cm）等。搬运时要轻拿轻放。若需暂存，则应采取遮光、降温、保湿、防雨等措施予以保护。

十、清除废膜

马铃薯收获后，及时耕翻犁地，清除废膜，确保土壤中无废膜残留，无污染，保持良好的土壤环境。

第六节 马铃薯平种垄植技术

一、选地、整地

土地是马铃薯生长的基础，也是马铃薯丰产的关键前提。土地选择得当，就能为马铃薯生长提供良好的环境条件和物质基础，确保达到丰产目标。

种植马铃薯的地块，以土壤疏松肥沃、土层深厚、土壤沙质、中性或微酸性的平地与缓坡地块最为适宜。因为这样的地块土壤质地疏松，保水保肥、通气排水性能好，土壤本身能提供较多的营养元素。

选地切忌重茬，也不要在茄果类（番茄、茄子、辣椒）或白菜、甘蓝等为前茬的地块上种植，以防止共患病害的发生。

整地是改善土壤条件的最有效措施。整地的过程主要是深翻（深耕）和耙耱。深翻最好在秋天进行。因为地翻得越早，越有利于土壤熟化和晒垡，接纳冬春雨雪，越有利于保墒，冻死害虫。深翻要达到20~25cm。做到地平、土细、上实下虚，以起到保墒的作用。

二、品种选择

1. 优良品种的标准

（1）丰产性强，即产量高。

（2）抗逆性强，适应性广，能抗病虫害，抗旱、抗涝、抗其他自然灾害，在不同的自然地理条件、气候条件及生长环境中，都能很好地生长。

（3）品质优良，商品性好。

（4）有其他特殊优点等。

2. 优良品种的选用

（1）依据市场的需求选用。

（2）根据当地的自然气候条件和生产条件，以及当地的种植习惯与种植方式等选用不同的优良品种。如城市的近郊或有便利交通条件的地方，可选用早熟菜用型优良品种；无霜期较短的地方，可选用中晚熟品种，以便充分利用现有的无霜期，取得更高的产量。

（3）根据优良品种的特性来选用。比如在干旱半干旱地区，可用抗旱品种，在阴湿区可用晚熟高产品种，在晚疫病多发地区可选用抗晚疫病的品种等。

三、种薯准备

1. 种薯挑选

选定某一优良品种后，还要进行优质种薯的挑选。要除去冻、烂、病、伤、萎蔫块茎、丛生幼芽、畸形、尖头、裂口、薯皮粗糙老化、皮色暗淡、芽眼突出、老龄化的种薯。选取薯块整齐、符合本品种性状、薯皮光滑细腻柔嫩、皮色新鲜的幼龄薯或壮龄薯。

2. 种薯处理

（1）晒种。把出窖后经过严格挑选的种薯摊开为2~3层，摆放在光线充足的房间或日光温室内，使温度保持在10~15℃，让阳光晒着，并经常翻动，当薯皮发绿，芽眼睁眼（萌动）时，就可以切芽播种了。晒种的主要作用是提高种薯体温，供给足够氧气，促使解除休眠，促进发芽，以统一发芽进度，进一步剔除病劣薯块，使出苗整齐一致，不缺苗，出壮苗。

（2）催芽。把未切的种薯铺在有充足阳光的室内、温室、塑料大棚的地上，铺2~3层，经常翻动，让每个块茎都充分见光，经过40d左右，芽长到11.5cm，芽短而粗，节间短缩，色深发紫，基部有芽点时，就切芽播种。

3. 切种

每个芽块的重量最好达到50g，最小不能低于30g。切芽要把薯肉都切到芽块上，50g左右的薯块不用切，可以用整薯作种；60~100g的种薯，可以从顶芽顺劈一刀，切成两块；110~150g的种薯，先将尾部切下1/3，然后再从顶芽劈开，这样就切成3块；160~200g的种薯，先顺顶芽劈开后，再从中间横切一刀，共切成4块；更大的种薯，可先从尾部切下1/4，然后将余下部分从顶芽腰切一刀，再在中间横切一刀，共切成5块。切芽者要准备两把切刀，并准备1个消毒罐（罐头瓶等）装上75%的酒精或甲基硫菌灵500倍液，把不用的切刀泡在药液里边，一旦切到病薯，即把病薯扔掉，并把切过病薯的刀泡入药液中消毒，同时换上在药液里浸泡过的刀继续切。根据生产实践，芽块最好随切随播种，不要堆积时间太长。如果切后堆积几天再播，往往造成芽块堆内发热，使幼芽伤热。这种芽块播种后出苗不旺，细弱发黄，易感病毒病，而且容易烂掉，影响苗全。

4. 施肥

马铃薯对肥料要求较高，特别是脱毒薯生长势旺，吸收力强，增产潜力大，必须施好肥，保证营养的供给。

马铃薯施肥的总原则是肥料种类以农家肥为主，化肥为补充；施肥方法以基肥为主，追肥为辅。

农家肥肥源广、数量大、成本低，不仅含有马铃薯生长所需的氮、磷、钾三大肥料要素和中量、微量元素，还含有一些有益微生物，是化肥不可比拟的。同时，农家肥中含有大量有机物质，在微生物的作用下，进行矿质化、腐殖化，可以释放出大量二氧化碳，既能供给马铃薯植株吸收，又能使土壤疏松肥沃，增加透气性和排水性，适宜块茎膨大，使块茎整齐、个大、表皮光滑。每亩施用量应达到3 000kg，全部用作基肥。

化肥用量应参照配方施肥确定适宜的品种和数量。中等地力的地块，按当前施肥水平估算，每亩要补充氮素4~6kg，补充磷素4.5kg。各地土壤肥力不同，农家肥质量不同，因而所施用的化肥量必须有所区别。

施农家肥习惯上是在播种前整地时撒于地面耙入土中，或播种时集中撒于垄沟。化肥应混合均匀，随犁开沟撒于沟中，严防芽块直接与化肥接触被烧坏。

5. 播种

（1）适期播种。一般10cm深度的地温应稳定通过5℃，达到6~7℃较为适宜。因为种薯经过处理，体温已达到6℃左右，幼芽已经萌动或开始伸长。如果地温低于芽块体温，不仅限制了种薯继续发芽，有时还会出现"梦生薯"。为避免这种现象的出现，一般在当地正常春霜（晚霜）结束前25~30d播种比较适宜，即4月中下旬为宜。

（2）宽窄行平种垄植。根据多年试验总结，大垄（行）距60cm，小垄（行）距30cm，株距25~30cm较好。但必须根据品种特性、生育期、地力、施肥水平和气温高低等情况决定。一般来说，早熟品种秧矮，分枝少，单株产量低，需要生活范围小，可以适当加密，即缩小株距，垄距不变，而中熟、晚熟品种秧高，分枝多，叶大叶多，单株产量高，需要生活范围大一些，所以应适当加大株距。在肥地壮地，肥水充足，并且气温较高的地区和通风不好的地块上，植株相对也应稀植。如果地力较差、肥水不能保证，或是山坡薄地，种植可相对稀一些。

（3）深开沟深播种。一般开沟深应达到13cm左右，从薯块到地平面10cm左右，就达到播种要求的深度了。

6. 田间管理

马铃薯的田间管理内容较多，其主要任务是为幼苗、植株、根系和块茎等创造优越的生长发育和保护条件。田间管理具体要抓好"五早"。

（1）早松土除草。马铃薯幼苗期松土、灭草，能促进根系发展，增加吸收能力，达到促地下、带地上、蹲住苗的目的，为马铃薯根深叶茂打好基础。

（2）早中耕培土。中耕培土要分次在苗高5~10cm时进行。第一次中耕培土，培土3~4cm；第二次在现蕾前进行，要大量向苗根拥土，培土应既宽又厚，要达到6cm以上。早中耕培土可以增加地温，增强微生物活动，加速肥料分解，满足植株生长的营养需要。同时还可创造结薯多且块大的条件，并使后期薯块不外露，不出现青头。

（3）早追肥。结合第一次中耕进行追肥，促进株壮，增加叶面积。据资料介绍,用同等数量的氮肥,分别在苗期、蕾期和花期追施,增产效果分别是苗期17%、蕾期12.4%、花期9.4%。从中可以看出,早追肥的增产效果为最好。

(4)早浇水。马铃薯开花时正好进入结薯期,需水量大增,有时靠自然降雨不能满足,就会影响块茎膨大。有浇水条件的地方,应在开花期进行人工浇水,不能浇得太晚。

(5)早防病虫害。要依据植保部门的测报早动手早防治,做到防病不见病。

7. 收获

当马铃薯大部分茎叶由绿变黄,枯萎,块茎停止膨大,易于植株脱离时达到生理成熟,此时为最佳收获时期,即可及时收获(图5-5)。

图5-5 马铃薯收获

第七节 马铃薯机械化种植技术

一、选地与整地

选择机械化种植马铃薯的地块,最好是平地,缓坡地也可以,但坡度要小要缓,垄向应顺坡。选定的地块深翻20~25cm。

二、施好底肥和农药

按规定的数量，把作底肥的农家肥和化肥以及要基施的农药，用人工、也可用施肥机，均匀地撒于地面。撒后结合耙地，把肥料和农药耙入土壤中。也可用装有施肥器的播种机，在播种的同时施入化肥和农药。

三、种薯准备

对种薯必须按种植要求，切好芽块，使每一芽块重量达到40~50g，并且大小均匀。不要有过长或薄片状的芽块，以减少空株和双株率，保证播种质量达到农艺要求。

四、播种

使用马铃薯播种机播种时，一定要调好播种深度和覆土厚度，使播深为10cm，覆土厚15cm。垄（行）距为90cm、株距为20cm，或垄（行）距为80cm、株距为22cm，种植密度为每亩3 700株左右。垄（行）距不能再小，否则不便于用拖拉机进行田间管理和收获。

五、田间管理

机械化种植马铃薯一般在马铃薯出苗期和花期配合追肥和灭草进行两次培土，第一次在出齐苗后结合追肥进行，第二次在苗高15~20cm时进行，每次培土5cm左右。中耕培土时，必须调好犁铲和犁铧角度、深度和宽窄，才能保证既不切苗而又培土严实。

六、收获

收获前10d左右，先轧秧或割秧，使薯皮老化，以便在收获时减少破损。采用机械收获的关键是收获机进地前要调整好犁铲入土的深浅。入土浅了易伤薯块，还收不干净；入土太深则浪费动力，薯土也分离不好，还易丢薯。

第八节　马铃薯高效节水全程机械化生产技术

一、选址建喷灌圈、滴灌区

选择土壤疏松、土层深厚、有机质含量高、土壤酸碱度适中的沙壤土、轻壤土等平坦或缓坡地建喷灌圈，并且要求水源丰富、水电设施配套、交通便利。种薯繁殖田还应考虑要有良好的隔离条件，周围没有商品马铃薯生产田或其他易于传播马铃薯病毒病的辣椒、番茄等茄科类作物。

二、合理轮作

为了经济有效地利用土壤肥力，预防土壤和病株残体传播病虫害，马铃薯应实行3年以上轮作。马铃薯轮作周期中，不能与茄科作物及块根、块茎类作物轮作，因为这类作物多与马铃薯有共同的病害和相近的营养类型。在大田栽培时，马铃薯适合与禾谷类作物轮作。以豌豆、麦类、玉米等茬口最好。

三、深耕整地施肥

深耕整地能调节土壤中水、肥、气、热状况，满足马铃薯块茎形成和膨大生长的需要。深耕最好在秋天进行，秋耕后经过一个冬季的冰冻、风化，不但土块易碎，便于整地，而且有利于土壤熟化，减轻病虫害。秋耕越早越好，耕地深度以30~35cm为宜，耕后耙耱，第二年早春顶凌耙耱整地。秋耕前每亩撒施5 000kg腐熟的农家肥，以马粪和羊粪最好。在未进行秋耕的情况下也可在播前20d左右耕翻地，耕后耙平，播前3~4d用撒肥机撒施底肥。施肥种类和数量应通过测土配方施肥来定。一般每亩撒施氮、磷、钾、硫、镁复合肥60~80kg，随即旋耕入土20cm，耕后耙耱待播。

四、种薯准备

1. 选择优良品种和优质脱毒种薯

根据当地的生产条件、市场需求，选择适宜的优良品种。目前北方规模化生产基地多种植夏波蒂、大西洋、布尔班克、费乌瑞它等品种。无论种哪个品种,均应选择优质脱毒种薯,最好是用原种,至少也应采用三代以内的种薯。为了确保种薯质量,最好在调运种薯之前到种薯生产基地进行实地考察,特别要确认种薯没有退化现象,没有发生过晚疫病或其他病害。

2. 备足种薯数量

种薯数量的多少应考虑播种面积、播种密度、单块种薯大小以及自然损耗率几个方面。

$$播种量(kg/亩)=种植密度×平均种块重量×自然损耗率$$

注:自然损耗率一般按5%来考虑。

3. 种薯选择与催芽

(1)种薯选择。种薯在播前20d出库,出库后进行严格的挑选。选择薯形整齐、表皮光滑、皮色鲜艳,无病虫伤、无冻伤的薯块作种。凡是薯皮粗糙开裂、薯块畸形、尖头、皮色暗淡、芽眼凸出、有病斑、受冻、老化的薯块坚决淘汰掉。

(2)催芽。挑选的种薯放在具有散射光条件、温度12~15℃较大空房内催芽,此期间注意防止低温冻害。当芽长1~1.5cm时通风透光,并进行切块播种。如果是现代贮藏库贮藏种薯,也可提前20d将贮藏库温度调至12~15℃进行催芽,催芽后淘汰掉芽纤细的种薯,即可切块播种。

4. 种薯切块和药剂拌种

(1)种薯切块。播前4~5d切块,每块重40~50g,每个切块至少带1~2个芽眼。若种薯块比较小,应采取自薯顶至脐部的纵切法,将每个块茎切成2块或4块。若种薯块大时,切块应从脐部开始,按芽眼排列顺序螺旋形向顶部斜切,最后再把顶部一分为二。切块过程中严格进行切刀消毒,采用75%的酒精浸蘸切刀,也可用0.3%~0.4%的高锰酸钾浸泡切刀6~8min消毒。每个切块人员备2~3把切刀。

(2)药剂拌种。为了防止切块受感染发生腐烂,应进行药剂拌种。具体方法:按1kg甲基硫菌灵:30kg滑石粉:10 000kg种薯的比例,也可用75%的百菌清可湿性粉剂80g,或70%甲基硫菌灵可湿性粉剂100g,或0.2%的高锰酸钾兑水100kg,配成混合溶液进行喷施拌种,待溶液晾干后再装网袋,放阴凉通风好的室内或室外待播。网袋码放时中间要留有空隙,利于通风防腐烂。薯堆厚不应超过7袋,防止压伤种薯。大风降温天气晚间应在薯堆上加盖覆盖物,以防冻害。室外堆放时为了防止阳光暴晒、下雨或其他因素造成的伤害,也应在薯堆上加盖覆盖物。

有条件时尽量采用小整薯播种,避免切刀传病,减轻青枯病、环腐病、病毒病等的发病率,最大限度地利用种薯的顶端优势和保存种薯中的养分和水分,达到抗旱、保苗、高产。50g以下的种薯一般即可整播。

五、播种

1. 适期播种

马铃薯适时播种能充分利用当地的自然条件获得高产。当10cm地温稳定在7~8℃作为播种适期。一般以4月中下旬为宜。

2. 播种密度

马铃薯种植密度应根据品种、气候、土壤、栽培水平、栽培目的等条件而定。晚熟品种、整薯播种、土壤肥沃、栽培条件好、薯条加工原料栽培时,密度可小些;早熟品种、土壤施肥水平低、生产种薯或薯片加工原料栽培时,密度可大些。品种大西洋栽培密度4 500~5 000株/亩,夏波蒂3 000~3 500株/亩,布尔班克3 000~3 500株/亩,费乌瑞它4 000~4 500株/亩。

3. 种植方式

采用高垄等行距种植,行距80~90cm,株距视密度而定,一般15~25cm。播种深度以播后种薯表面至垄顶17~18cm为宜。播种时要先进行试播,反复测试播种密度、播种深度和起垄高度,使其与计划吻合。通过调节播种机上皮带链条的松紧度、振动器、种薯碗的型号、种薯箱进口的大小等,可防止空穴和一穴多籽的现象。做到下籽均匀、行垄匀直,无漏播和多籽现象。播种机上配备1~2人,随时观察播种机情况,降低空穴率和多(双)籽率。

4. 化学除草

大面积规模化马铃薯生产中,为了减轻杂草对土壤养分和水分的消耗,清洁田园,防止病虫为害,必须采用有效合理的除草剂杀灭杂草。当田间30%的杂草长出2~4片叶时,正值幼苗距土表3~4cm,距出苗日期7~10d,这时每亩用3~5g宝成或96%金都尔乳油50mL和70%赛克粉剂35g

进行地面喷施,封闭除草。使用除草剂时,注意应严格按使用浓度和使用时期,在晴朗无风的天气喷施,以减少除草剂飘移到周围邻近地块。喷施时每亩用水量为30kg。做到雾化良好、喷雾均匀,无重喷、漏喷现象。

六、田间管理

1. 中耕培土

当目测出苗率达到5%或幼芽距地表2cm时进行中耕。采用拖拉机牵引的中耕机进行中耕。培土4cm,耢表土2cm。通过中耕将垄形整成梯形。中耕过程中注意不伤根、不伤苗、少埋苗,保证中耕作业质量。中耕时要求土壤含水量65%~85%。沙土地中耕后要及时浇水,补足所失水分,并保持垄形。

2. 合理追肥

结合中耕进行第一次追肥,用施肥机每亩追施氮、磷、钾、硫复合肥25kg。出苗后25d,以0.5%的浓度分2~3次向叶面喷施硫酸锰、硫酸锌各1kg。同时通过喷灌系统每亩施入氮、钾、硫复合肥20kg,分次施入。以后结合喷灌视植株生长情况用尿素进行叶面喷施,每次每亩喷施2kg。收获前一个月停止喷施氮肥。结合喷灌视苗情和施肥情况也可喷施含有微量元素的叶面肥。

3. 及时灌溉

马铃薯由于其植株生长繁茂,茎、叶、块茎含水量大,是需水较多的作物,若按蒸腾系数400~600mm来算,生产1 000kg块茎,要消耗100~150t水分。若水分供应不足,就会造成产量下降,商品薯率降低,但是水分过多又会引起徒长,晚疫病等病害加重,烂薯率增多。因此,应合理进行水分管理。通常在播后3~4d视土壤湿度就要喷灌一次。马铃薯苗期植株较小,耗水不多,但该期常会发生干旱,应早灌苗水,对幼苗生长和块茎形成都十分有利。块茎形成至块茎增长期,是马铃薯一生中生长最旺盛的时期,需水量最多,如土层干燥,应及时灌溉,使土层经常保持湿润状态,便于块茎形成和迅速膨大。该期若水分不足使块茎膨大受阻,而且还会形成畸形的链薯、子薯,造成产量不高,块茎质量下降。生育后期,茎叶生长基本停止,气候转凉,需水量逐渐减少,但若过度干旱,也需适当轻灌。收获前20d应停止灌水,以促使薯皮老化,有利于收获和贮藏。机械收获时,为减少碰撞伤和薯块开裂，收获前要进行浇水，使土壤水分达到田间持水量的60%以上。喷药后36h内尽量避免灌溉。

4.防治病害

大规模机械化喷灌圈生产条件下，施肥水平高，水分供应充足，植株长势好，田间群体大，通风差，加上品种抗性弱，成片种植，为病害的发生发展创造了良好条件，一旦大面积发病，很难得到有效控制。因此在防治策略上应打破传统的防治观念，采取整个生产过程中进行全程预防的策略。

宁南山区降雨季节分配不均，60%~70%的降雨分配在7—9月，正值马铃薯生长的盛期，极易发生晚疫病。防治上除采用栽培防病（包括采用抗病品种、宽垄栽培、增施磷、钾肥，减少氮肥施用量，采用优质脱毒种薯等）外，主要采用化学药剂防治，包括药剂拌种和生长期间田间喷施防治，而以田间喷施防治为主。阴雨天多的年份，在整个生长季节至少喷施8次杀菌剂，一般年份也应喷施5~6次。根据马铃薯生长时期和发病情况选择适宜的药剂，并进行交替使用。

七、杀秧和收获

当马铃薯大部分茎叶由绿转黄，下部叶片干枯脱落，块茎干物质积累基本停止，块茎易与匍匐茎脱离，标志着马铃薯进入生理成熟期，此时即可收获。生长良好的马铃薯，在收获季节尚未出现上述典型的成熟特征，马铃薯植株仍在生长的时候，由于温度的限制就必须收获。这时候收获，因块茎皮薄，耐擦伤力弱，收获过程中易造成机械损伤，擦伤重者在运输贮存过程中容易造成块茎腐烂。因此，在机械化规模化生产中就要提前杀秧，以促进马铃薯块茎成熟和表皮充分老化，使块茎自匍匐茎上脱离下来，便于收获（图5-6）。提前杀秧还具有杀死植株上携带的病菌，避免在收获过程中侵染块茎的作用，种薯生产田提前杀秧，对于防止植株体内的病毒传导到块茎中具有重要作用。

杀秧的方法有机械杀秧和化学药剂杀秧两种方法，通常可结合进行，即机械杀秧后喷施化学药剂。常用的杀秧剂有立收谷、克芜踪等。每亩用量为150mL，第一次喷施后5~7d再喷施一次，可使整个田块秧子完全死亡。杀秧过程中一定要注意土壤湿度。土壤过干不能喷施杀秧剂，否则会造成块茎脐部变黑，甚至腐烂。杀秧在收获前10~15d进行。

马铃薯秧子完全枯死后开始收获。选择晴朗的天气收获。收获过程中严防块茎被雨淋、受冻，尽量减少破皮损伤。收获的块茎应及时分选装袋入库或销售。收获前要调整好犁铲入土深度和抖动筛速度，同时雇好捡薯人员，当天翻出来的块茎应在当天捡拾装袋入库或外运销售，避免受冻损失，确保丰产丰收。

图5-6　机械化收获马铃薯

第九节　早熟马铃薯小拱棚生产技术

一、地块选择和拱棚搭建

选择土质深厚、有机质含量高、有灌溉条件，3年以上轮作田，即豆类→麦类→马铃薯。用钢筋或竹板搭建成宽4.5m、高1.5～2m（长根据地形而定）圆形拱棚。

二、品种选择

选择早熟品种，如克新1号、费乌瑞它、中薯3号、大西洋等。

三、播种时间

应在3月1日覆盖棚膜，3月10日种植。

四、播种规格

播种采取双膜覆盖和宽窄行高垄种植方式。播种前灌足底水,待土壤达到可耕性时,结合施肥用旋耕机旋细整平,然后人工拉线起垄,垄面宽70cm,垄沟宽30cm,垄高20cm,垄上种2行,窄行距30cm,株距25~30cm,播深12cm,每亩4 500株。

五、肥料施用

结合整地每亩基施农家肥6 000kg、磷酸二铵15kg、尿素20kg、硫酸钾7kg。幼苗期结合灌水、中耕除草亩追施尿素15kg。块茎增长期喷施尿素或磷酸二氢钾,尿素的喷施浓度为0.5%~0.8%,磷酸二氢钾的喷施度为0.2%~0.6%。

六、田间管理

1. 块茎萌芽至出苗期

要注意放苗,防止灼伤。

2. 苗期

以茎叶生长和根系发育为中心,同时伴随匍匐茎的形成和伸长,是马铃薯的水肥临界期。必须追肥灌水和中耕除草。每亩顺垄沟两侧撒施15kg尿素,顺垄沟灌"跑马水",忌大水漫灌,灌水深度以垄沟深度的1/3为准,以后要根据土壤墒情勤浇勤灌,保持土壤含水量达到14%~16%。

3. 块茎形成和膨大期

由以地上部生长为中心转向地上部和地下块茎同时生长阶段,要根据土壤墒情及时灌水2~3次,根据苗情进行根外追肥,喷施磷酸二氢钾。同时,要根据温度,加强通风管理,当棚内温度超过25℃时要通风。

七、病虫害防治

1. 防治地下害虫

主要防治蛴螬、蝼蛄、金针虫等,每亩用辛硫磷乳液0.5kg兑50kg细沙,随播种施入土壤。

2. 防治蚜虫

每亩用2.5%碧宝20~30mL稀释1 000倍液，或2.5%功夫乳油20mL稀释3 000倍液，90%万灵20~30g稀释1 000倍液，均匀喷雾。

3. 防治早疫病和晚疫病

在田间发现中心病株时要及时拔除，带出田外深埋，用58%甲霜·锰锌可湿性粉剂500倍液，或80%代森锰锌可湿性粉剂700倍液，或72.2%普力克水剂600倍液，每隔7~10d防治一次，连续防治2~3次。

4. 防治环腐病

发病前可选用53.8%可杀得2000悬浮剂1 200倍液进行防治，如有零星病株出现可先挖除病株深埋，田间喷施农用链霉素500倍液进行防治（图5-7）。

图5-7　及时防治马铃薯早疫病和晚疫病

八、及时收获

当茎叶黄化时进行收获。

第十节　马铃薯地膜覆盖种植技术

一、土地要求

选茬：前茬以小麦、谷类、玉米、豆类最好，轮作年限应在3年以上。

选地：选择土层深厚、蓄水保墒能力较强，土壤有机质丰富的地块种植。

整地：前作收后及时深耕（20~25cm），遇雨即耱，春打碾保墒。川水地灌足冬水，地表现白后及时耙耱。

二、合理施肥

基肥：亩施优质农家肥3 000~5 000kg、尿素7.5~10kg（或碳酸氢铵20~27kg）、普磷20~30kg，在播前整地时一次施入。

追肥：现蕾始期采用打孔器或注射枪追施尿素5~10kg。

三、选用良种

品种选择高产、优质、抗病、早熟的克新1号、中薯3号、费乌瑞它、大西洋或中晚熟品种青薯168、青薯9号、庄薯3号等种植。切种前先进行种薯精选，淘汰病、烂、杂薯，切种时用0.2%的高锰酸钾溶液消毒切刀，薯块重30~50g，保留一个以上芽眼。

四、起垄覆膜种植

起垄规格：拉线划行起垄，垄底宽60~70cm，垄面宽35~40cm，垄高15~20cm，垄距40cm，结合起垄进行基施肥。

覆膜：选择厚度0.01mm或0.008mm、幅宽80~90cm的线性白色地膜或黑色地膜。覆膜时顺风作业，打开膜卷沿垄边展边压，膜须拉紧铺展压实，每隔5m用土打一腰带，防止大风揭膜。

播种：覆地膜马铃薯种植分先播种后覆膜和先覆膜后播种两种，具体作业视土壤墒情而定。先播种后覆膜是按规格先起垄，在垄面上开沟或人工挖穴点种，深度10~15cm，播后用细土均匀覆盖，然后覆上白色膜。先覆膜后播种是先按规格起垄覆膜，然后在覆好黑色膜的垄面上按行株距用打孔器打孔点种，深度10~15cm，再用细湿土压好膜边和孔口（图5-8）。

图5-8　播种马铃薯

五、田间管理

放苗：如采用先播种后覆膜时，在马铃薯出苗时要及时破膜，放风炼苗后放苗出膜，用细湿土把苗孔封严，先覆膜后播种时，出苗前如遇雨板结，应及时破除板结，避免窝黄苗或缺苗。

查苗补种：苗齐后逐行逐穴查苗补种。

防除病虫：覆膜马铃薯主要病害是早疫病，当田间出现中心病株时，用瑞毒霉素配代森锰锌每亩25g稀释成4 000～5 000倍液喷洒防治；在蚜虫发生时，可用菊酯类农药防治。

六、收获

覆地膜马铃薯由于地温高，生长快，为了争取高产、早上市，提高经济效益，早熟品种应在植株第二轮花序谢后，可在植株根部块茎膨大处进行第一次"掏薯"，间隔15d后进行第二次"掏薯"，7月中下旬全部收获，其他中晚熟品种可在茎叶变黄、植株枯萎后收获。

第十一节　马铃薯起垄覆膜覆土栽培技术

本技术在传统起垄覆膜人工点种栽培技术基础上进行创新，主要用于春季马铃薯播种，采用专用机械一次性完成起垄、覆膜、播种作业，马铃薯播种后一定时间内利用上土机械膜上覆土，防止顶芽烧苗；出苗期人工定期查苗和放苗。与传统起垄覆膜人工点种栽培技术相比，可以大量节省人工点种劳动力成本。

技术要点：轮作倒茬，科学选地。机械整地，施足底肥；选择宜机械化优良品种，如青薯9号、宁薯18号、陇薯7号等，脱毒种薯作种，药剂拌种。选用小四轮牵引、采用起垄—覆膜—施肥—播种一体机适期播种，合理施肥；选用厚度0.01mm、幅宽90～100cm的符合标准要求的农用地膜；垄面宽80cm，垄沟宽30cm，垄高10～15cm，播种时将种子播种在距垄沟20cm的膜侧上，播种深度以15～20cm为宜；每垄种2行，行距40cm，株距

40~45cm，亩保苗3 000~4 000株。播种后10~15d，选用小四轮牵引、采用上土机械膜上覆土，覆土3~5cm。出苗后，及时浅松土除草，结合病虫为害防治，适期补施叶面肥。马铃薯进入成熟期，适期采用杀秧机杀秧、收获机收获，利用机械进行残膜回收。

适宜区域：适宜于宁夏干旱、半干旱、低温阴湿区及生态类型相似地区春季种植。

注意事项：春季抢墒播种，马铃薯出苗前一周务必完成机械膜上覆土，加强病虫害综合防控。

第十二节　马铃薯机械化起垄覆膜膜面集雨栽培技术

本技术在传统起垄覆膜抗旱栽培技术基础上进行创新，破解了膜面天然降雨利用效率低的难题，已申报国家发明专利。通过专用机械起垄覆膜，形成倒"W"形垄面，垄面由两侧种植带、中部集雨面、中间渗水区（渗水孔）组成，天然降雨落到集雨面后，汇聚到渗水区通过渗水孔进入土壤，最终被吸收利用。马铃薯播种，可先机械起垄覆膜，后人工点播器点播；亦可随起垄覆膜机一次性完成播种。该技术较露地栽培，保留了保墒调温、防除杂草、促进马铃薯快速生长发育等传统优势，还较常规起垄覆膜栽培技术，强化了抗旱增产优势，尤其集雨面可以有效利用天然降雨，扩大的垄沟防止了遭遇强降雨时落到膜面的雨水自垄沟快速流失，抗旱增产效果更加明显。

技术要点：轮作倒茬，科学选地。机械整地，施足底肥；选择宜机械化优良品种，如青薯9号、宁薯18号、陇薯7号等，脱毒种薯作种，药剂拌种。适期播种，选用厚度0.01mm、幅宽120cm的符合标准要求的农用地膜；行距80cm，株距30~40cm，密度2 083~2 778株/亩，具体根据实际情况可自行调整，一个种植单元宽160cm，其中垄面宽100cm、垄沟宽60cm、垄高25cm；垄面上部种植带宽45cm、集雨面宽55cm、渗水区宽10cm，三者相互交叉，其中渗水区呈直线形布满渗水孔，一般孔径1~2cm、孔距10~15cm。具体操作有两种方式，一是先起垄覆膜再人工点种，即利用自行研制的起垄覆膜膜面集雨机（已申报国家发明专利）进行覆膜和渗水区机械打孔，在垄面种植带上利用大孔点播器按一定株距播种；二是利用自行研制的起垄覆膜膜面集雨抗旱栽培播种机（已申报国家发明专利），一次性完成起垄、播种、覆膜及渗水区打孔，播种后10～15d采用上土机械膜上覆土，覆土2～3cm。出苗后，结合病虫为害防治，适期补施叶面肥。马铃薯进入成熟期，适期采用杀秧机杀秧、收获机收获，利用机械进行残膜回收。

适宜区域：适宜于宁夏干旱、半干旱、低温阴湿区及生态类型相似地区春季种植。

注意事项：春季抢墒播种，马铃薯出苗前一周务必完成机械膜上覆土，加强病虫害综合防控。

第十三节　特殊栽培法

我国农民在长期的生产实践中，积累了丰富的马铃薯栽培经验，尤其是在特殊情况下，结合生产实际，创造了一些行之有效的特殊栽培技术。这些特殊栽培法各有特色，但需要一定的条件。各地可以根据情况，因地制宜地采用。

一、"抱窝"栽培

1. 什么叫马铃薯"抱窝"

马铃薯"抱窝"，就是根据马铃薯的腋芽，在合适的条件下，都有可能转化成匍匐茎结薯的特性，在栽培技术上利用顶端优势、整薯育苗移栽或短壮芽（育大芽）直播、深栽浅盖、及时浇水、分次培土、适期晚收等综合措施，增加结薯层，多生匍匐茎，多结薯，结大薯，达到多层结薯，犹如母鸡下蛋抱窝，故形象地称为马铃薯"抱窝"。

2. "抱窝"栽培的优点

"抱窝"栽培是综合应用多种增产措施的一种高产技术。有以下几个优点。

（1）在生育期短的地区，可以利用中（晚）熟品种，获得春、秋两季双丰收。在华北地区和中原二作区，春季马铃薯收获后，一般需要种一茬秋菜，有的则实行粮薯、粮棉间、套、复种。但是，春种马铃薯早熟品种产量较低，而中（晚）熟品种因生育日数较长，产量也不高。采用"抱窝"技术，提前培育短壮芽或育大芽，播种后，都能在较短生育日数内，满足中（晚）熟品种的要求，发挥其丰产潜力，获得高产。

（2）"抱窝"栽培能够多层结薯，扩大繁殖倍数。

（3）早育（催）芽，早结薯，避免高温影响。"抱窝"栽培，由于培育短壮芽后，定植时，匍匐茎尖端已开始膨大，早出苗、早结薯，比一般栽培提前结薯1个月，减少了高温对块茎形成期的不良影响，对防止退化有一定意义。有效地发挥增产潜力，能够获得高产。

（4）大幅度增产，实现少种多收。"抱窝"马铃薯亩产均在2 000kg以上，比一般切块栽培增产。

3."抱窝"栽培的技术措施

"抱窝"栽培技术在精细管理的条件下，可以促进单株均衡发育，发挥个体增产潜力，实现多层结薯，获得群体高产。但是，这种技术操作比较复杂，要求条件较高，特别是在育苗过程中，如管理不当，易使植株老化，移栽后出现蹲苗早衰，影响产量，将育苗"抱窝"简化为短壮芽直播或育大芽移栽"抱窝"，也可获得大面积高产。现将各地"抱窝"栽培的主要技术综述如下。

（1）选用良种、精选种薯。用于"抱窝"的马铃薯，要选择丰产性能较高的优良品种和种性好、退化轻的生活力较旺的健康种薯。

（2）散光处理，培育壮芽。马铃薯"抱窝"的方式有3种，即育苗移栽、短壮芽直播和育大芽移栽。前两者都需要首先培育短壮芽，而后者可直接在苗床内育大芽。下面将培育短壮芽、育大芽及育苗移栽的育苗方法分别说明。

冬前短壮芽的培育方法：种薯收获精选后，立即放在阴凉通风的室内，下垫木板或秫秸等物，种薯平铺2~3层，经常翻动，接受阳光散射，注意不要碰坏幼芽。育芽初期（8—9月），保持室温20℃左右，进行通风透光处理。种薯数量较少时，可以在出芽后，选留上部壮芽3~4个，其余用小刀挖掉，使养分集中供应顶端壮芽充分发挥顶端优势。

早春短壮芽的培育方法：由于冬前芽培育的时间较长，工序复杂，推广过程中，经过改进简化成为在早春培育短壮芽，一般叫早春芽。即在早春播前2个月左右，取出种薯，先在15℃左右的地方捂出小芽，出芽后再进行散光照射，也能培育出和冬前芽一样的短壮芽，现在各地应用的都是这种早春芽。

短壮芽早期分化的根点，播种或移栽后，接触到湿润的土壤，很快伸长、发育为根系，吸收水分和养分，为壮苗打下有利基础。其节间短缩而节多，经过多次培土，能够形成较多的地下茎节，是"抱窝"栽培，多层结薯的重要前提。

苗床（冷床）育大芽的方法：在城市郊区的菜区，可以利用苗床培育出带有根系的白色大芽（3cm左右），提早移栽，也可获得与短壮芽直播"抱窝"相似的增产效果。

先将整薯捂小芽或培育成短壮芽后，在移栽前15~20d，将苗床土均匀拌粪，踩平床面，浇透底水。水渗后摆入一层种薯，芽朝上，覆土3cm左右。然后盖上玻璃或塑料薄膜，晚间加盖草帘防寒，白天保持床温15℃左右，育芽中、后期，根据外界气温变化，揭盖玻璃或塑料薄膜，调节床温，最高不要超过25℃，幼芽刚拱土未露出土面时，仔细扒出种薯，避免伤根，带芽移栽露地。

育苗移栽的育苗方法：冬前选择背风向阳的地方，挖好苗床，架设风障防寒。床面盖上玻璃或塑料薄膜烤床，提高床内土温。苗床结构与蔬菜育苗床相同。定植前20~30d，开始育苗，将已育好短壮芽的整薯，芽朝上立摆床内。摆薯时要求上齐下不齐，使幼苗生长一致。薯间隔4~5cm，四周填土后，覆土3cm左右，埋过短壮芽即可。苗床管理方法与育大芽相同。幼苗出土后，白天开始放风，防止徒长，要求培育出健壮的矮壮苗，苗高6~9cm，具有5~6片绿色小叶片最好。定植前7d左右，撤去玻璃或塑料薄膜，锻炼幼苗，为提早定植做好准备。

4. 适时早播、合理密植

"抱窝"马铃薯由于提前培育短壮芽或育大芽，甚至育出矮壮苗。如能争取早播或移栽，可以增加适宜的生长日数，有利于早期块茎形成和膨大。根据各地"抱窝"的实践，育苗"抱窝"的移栽期，应在当地晚霜过后；短壮芽直播"抱窝"和育大芽移栽的，在幼苗出土后，不致遭受晚霜危害的前提下，当地10cm土温稳定在4~5℃时，争取适时早播为宜。

"抱窝"马铃薯，一般多选用中熟丰产品种，植株繁茂，需要适当扩大营养面积，才能充分发挥单株增产潜力，并协调个体与群众的矛盾，达到群体高产。马铃薯的产量，主要是由单位面积的株数（密度）和单株薯重的乘积构成，单株薯重受单株结薯数和平均薯重的影响，而单株结薯数又由单株主茎数与每个主茎的结薯数决定（图5-9）。这些因素既互相促进，又互相制约。如每亩株数越多，单株结薯又越重，则亩产就越高。但是，实际上密度与单株薯重是互相矛盾的。在一定密度范围内，密度与群体产量呈渐进状曲线的正相关。从密度实验中看出，每亩4 000株以上均能获得4 000kg以上的高产，而且产量差异并不显著。这就说明，马铃薯的群体产量有一个合理的密度。特别是马铃薯的播种材料是种薯，密度过大，用种量剧增。因此，从马铃薯产量结构、增产规律，以及节约用种各方面综合来看，在当前栽培水平下，"抱窝"马铃薯每亩4 000株就是中限。早熟种每亩保苗5 500株左右，中熟种每亩4 500株左右较好。

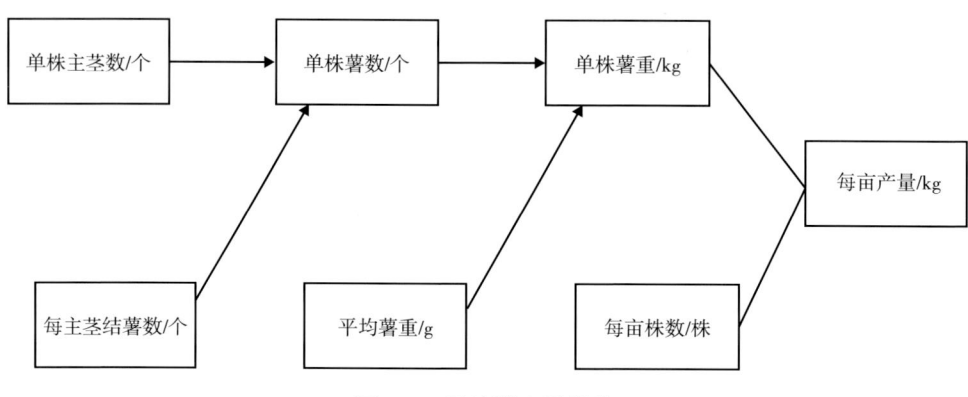

图5-9　马铃薯产量结构

5. 深栽浅盖、早锄勤锄

"抱窝"的地块，要进行秋翻。每亩撒施腐熟优质圈肥5 000kg以上，然后翻地拌粪，整平土地。

育苗移栽"抱窝"，在定植前7~10d，开深沟（13~17cm）晒土，以提高地温（大面积直播"抱窝"，也可随犁开沟播种）。定植前1d，在苗床内浇灌透水，次日用锹深挖出苗垛，拿垛定植勿伤根尖，以免缓苗时间过长。栽苗时，将苗垛平摆沟内，高矮苗分开定植，四周浅培土与苗垛相平，然后每棵苗浇适量水，湿润即可。水渗后，盖土3cm左右。切忌浇水过多与盖苗太厚，更不能大水漫灌。定植时要结合沟施氮、磷、钾肥，达到促苗壮秧。

短壮芽直播或育大芽移栽"抱窝"，在播种前扒出薯块，不要碰断幼芽及根系。严格剔除病弱芽，按芽长短分级，直播（移栽）露地。播前先浇底水，保证根系发育良好，播种时要深开沟、浅覆土（盖过芽尖3cm左右）。

"抱窝"马铃薯，由于早播、早栽，必须提前管理。早春地温较低，出苗后，要及时早锄勤锄，疏松土壤，提高地温，防寒保墒，促根壮苗。一般锄地3次，注意不要锄断根系，以免影响正常生育。

6. 分次培土，多层结薯

育苗"抱窝"的，在定植后10d左右，植株已缓苗，开始生长时，结合锄地进行第一次培土，厚3cm左右，隔7~15d，进行第二次培土，厚6cm左右，再隔7~15d，进行第三次培土，厚10cm左右。培土时如土壤干旱，应先浇水，后培土，以保证适宜的土壤湿度，促进地下茎节较多地形成匍匐茎。一般早熟品种培土的间隔时间要短，每7~10d培土一次，共培2次。在茎叶封垄前，必须培完最后1次，避免损伤茎叶及块茎。

短壮芽直播和育大芽移栽的，在幼苗出土后，苗高16~20cm时，结合锄地，开始培土。方法及次数与育苗"抱窝"相同。培土很重要，不能过早或过晚，更不能一次培土太厚，以免影响地温升高，致使根系发育不良，减少地下茎节匍匐茎的形成，降低产量。

7. 及时浇水、适期晚收

马铃薯茎叶含水分80%以上，块茎含水分75%以上，属于需水作物，特别是在薯块膨大盛期，保证供水，可以获得成倍增产。一般在生育前期，如不太干旱，应加强锄地培土工作，适当控制浇水，避免植株徒长。转折期即块茎形成期和块茎膨大期，不能缺水，一般浇水3~5次。有条件的，根据植株生育情况，还可以结合浇水，追施大粪水，或进行叶面喷肥，以延长功能叶片的持续时间，满足薯块膨大的需要。

在不致遭受雨季烂薯的前提下，适期晚收，可以增加产量。特别是中熟品种，生育后期正是薯块膨大盛期，过早收获，影响产量。

8. "抱窝"栽培获得高产的原因

"抱窝"马铃薯主要是从栽培措施上创造有利条件，充分发挥单株增产潜力，促使多层结薯，达到单株增产，进而保证群体高产。其原因如下。

（1）马铃薯植株的每个腋芽都有两重性。地上茎的腋芽在光照等条件下，长成茎叶；地下茎的腋芽，则在土培中遮光等条件下发育而成匍匐茎，尖端膨大，积累养分形成块茎。"抱窝"的马铃薯，用整薯培育短壮芽，养分集中，节间短缩密集，定植后地下茎节较多。据观察，地下茎节，一般有4~5个，匍匐茎10几个；最多的茎节达10多个，匍匐茎达30个以上。

（2）"抱窝"马铃薯提早1个多月培育短壮芽（育大芽），并且适期早播，在日照较短、温度较低的条件下，有利于地下茎节较多地分化形成匍匐茎。在苗床中育大芽时，有的已经长出小块茎，由于块茎的细胞可以一直分裂和膨大，如能仔细操作，这些小块茎能够继续膨大，从而提高产量。

（3）"抱窝"马铃薯用整薯培育短壮芽，能够充分发挥种薯的营养，具有顶端优势，播种后发育成较多的主茎，每根主茎的地下茎节都有可能形成较多的匍匐茎而结薯，一般每株有3~4个主茎，结薯20~30个，最多的达100个以上。

（4）"抱窝"马铃薯播种后，由于多次培土，既能保持相对稳定而较低的土壤温度及适宜的湿度，满足下层块茎膨大的需要，又可以随着短壮芽逐渐伸长，相应的给予分次培土，促进地下茎节产生较多的匍匐茎，增加结薯层，层层上升，结薯成"窝"。

马铃薯"抱窝"栽培是小面积上摸索出来的高产技术。它需要精细的管理和较高的栽培条件，适宜在人多地少的地方推广应用。马铃薯"抱窝"高产栽培技术具有一定的应用价值，各地可因地制宜地使用。

二、芽栽和苗栽

1. 芽栽和苗栽的区别与比较

用幼芽平摆沟内，覆土栽植的叫芽栽；用具有绿色叶片的幼苗，栽植时叶片外露的叫苗栽。由于在墒情不好的情况下，芽栽容易缺苗毁种，各地多已改为苗栽，效果很好。

芽栽所取的播种材料是在遮光条件下自然萌发的幼芽，芽条细长，色泽黄白，小叶片未展开，其营养物质从母薯中吸取，一旦脱离母薯，适应能力很弱，如遇干旱则严重缺苗。而苗栽的幼苗，则是在见光条件下，人工培育出来的，幼苗粗壮，具有数枚开展的叶片，色泽浓绿，已经行使光合作用能制造与积累养分，有独立生存的能力，适应性较强。

2. 芽栽和苗栽的优点

（1）节省种薯，提高种薯利用率。芽栽是借薯生芽，选用长20cm左右的幼芽，直线顺垄摆在沟里，可以大量省种。

（2）提早结薯、提早成熟。由于芽栽和苗栽在育芽（苗）中已经开始生育过程，从而减少田间生育日数，提早结薯。

（3）结薯整齐，大薯率较高。芽（苗）栽结薯期提早，块茎迅速膨大，因而相应增加大薯率。单株结薯虽较少，但个大而整齐，具有较高的经济价值。

（4）减少病害，增加产量。利用整薯育苗（芽），可以避免切刀传染病害，杜绝环腐病的为害，在采芽（苗）时，还可以选择健壮无病芽（苗）栽植，以减少病害，获取增产。据调查研究，块栽环腐病田间发病率高达50%以上，而连续两年苗栽发病率仅1%左右。另一研究表明，苗栽比块栽环腐病减少17.9%，黑胫病减少13.9%，退化株减少18.7%，苗栽平均亩产1 620kg，比块栽增产89%，最高亩产达2 800kg。

（5）提高繁殖系数，加速良种普及。苗栽可以多次采苗，充分发挥马铃薯芽眼多的特点。

3. 芽栽的栽培技术

（1）精选种薯。选择品种纯正，薯形整齐，表皮光滑，无病虫害的中型薯块，作为培育种芽的材料。

（2）培育种芽。芽栽育芽的方法有以下3种。

普通窖藏育芽：挖深3m、宽2.5m、长8m的窖坑，坑上架窖梁，铺高粱秸和土作窖盖，做成长方形土窖。上冻前，将种薯放入窖内，厚2～2.5m，贮藏期间，使窖内温湿度稍高。立春后，薯堆上再盖一层10cm左右的潮湿谷草，一个月左右，即可自然萌发幼芽，作芽栽之用。

室内窖藏育芽：在室内火炕旁或柴堆下挖容积约1m³的小窖，霜降后种薯入窖，窖顶上填土或盖木板保温，栽前起窖，可获得大量种芽。这种方法因室内保温、窖小，发芽整齐，数量也多，一个小窖的种芽可供15亩地芽栽。

火炕育芽：采用易于生烟的茅草、木柴等，烧炕熏烟，升高炕温20℃左右，炕上铺垫5～6cm的温湿土层，上面铺种薯，稍洒水，并撒少许细土，薯堆1m左右，上盖草3～4cm。此法12～13d即可出芽供用。但需注意不能多烧，以免温度过高，引起烂薯。

以上3种方法，以室内窖藏育芽较好，可以调整温湿度，获得健壮整齐的幼芽。

（3）选芽采芽。挑选健壮无病的幼芽，长20cm左右。采芽时，一手抓住芽基，另一手轻轻转动种薯，使幼芽脱离母薯。注意不要折损幼芽。

（4）整地施肥。深耕细耙，精细整地，注意蓄墒、保墒，为幼嫩的种芽创造迅速扎根、保证全苗的优越条件。在秋施肥的基础上，施用充分腐熟的基肥。一般亩施腐熟基肥3 000kg左右。

（5）栽芽时期与方法。栽芽时期一般在清明节（4月5日）过后1~2d开始，严防遭遇晚霜。栽芽前破垄开沟，将芽顺垄沟摆成一条直线，细弱幼芽可以摆2行，防止缺苗。采苗后应及时栽苗，防幼芽萎蔫干枯。

（6）覆土与镇压。幼芽拱土力较弱，覆土不宜过厚，一般5~6cm为宜。最好边栽芽，边施基肥，边覆土，边踩实，连续作业，以利保墒。注意踩实时必须顺垄踩，以免踩断幼芽。一般栽芽后3d开始出苗，10d左右即可出齐。

（7）田间管理。及时锄草培土，注意不要深锄，以免损伤匍匐茎或块茎。生长期中，有条件的可追施磷、钾肥1~2次。干旱年份，要及时灌溉，特别在现蕾、开花期，保证浇水，是提高产量的重要措施。

4. 苗栽的栽培技术

（1）适期育苗。马铃薯苗栽的苗期一般30~40d。因此，育苗适期即以该地区晚霜前30~40d较好。东北中部（吉林）在3月下旬至4月中旬育苗，5月上旬采苗移栽；东北南部（大连）3月上旬育苗，4月中下旬栽苗；甘肃地区3月中下旬育苗，5月上中旬栽苗；山西、宁夏、新疆等地均3月下旬至4月上中旬育苗，5月上中旬栽苗；内蒙古地区4月中旬育苗，5月下旬栽苗；而我国南部，如上海等地在2月下旬即可育苗，4月上旬栽苗。

（2）培育壮苗。城市郊区可用蔬菜育苗的冷床（阳畦）作为育苗床。要选择背风向阳，北面靠墙或架设风障，距水源近的地方，挖宽2m、深20cm左右的苗床。床内多施有机肥，配施磷、钾肥，与床土拌匀。育苗前湿透床土，选择无病，未冻的整薯，以40%的福尔马林240倍液，浸薯半小时消毒后，用麻袋或草席覆盖2h，晾干后即可上床。也可切块，但一定要防止切刀传染病害。薯块上床时，平摆床面，薯间距离2cm左右。注意上齐下不齐，以利出苗一致。覆土5~6cm，夜间加盖草帘防寒，白天打开草帘，提高床温。育苗期，保持平均床温15℃，最高不超过25℃，床土过干，可以适当浇水。

（3）及时采苗。当幼苗出土高6~9cm，具有4~5片绿色叶片时，即可采第一次苗。整薯育苗者用铁锹连薯带苗挖出，选择健壮幼苗，从芽眼茎部带根拔掉，以待栽苗。整平床土，适当浇水后，将整薯再摆平床面，继续育苗。如为切块，采苗时一手按住土面茎基部，轻轻拔出幼苗，注意不要折断。喷水后覆土，继续育苗，一般可采苗3~4次。采苗后的薯块，同样可以栽植结薯。

（4）整地施肥。苗栽幼苗脱离母薯，需要多施优质基肥。各地基肥种类及数量就地取材；吉林地区秋翻后分层施肥，每亩混合肥（大粪、厩肥等）约3 000kg，开春后施春肥，每亩混合肥约4 000kg，栽苗时并加放磷细菌肥。大连地区多在春季撒施腐熟厩肥，每亩约5 000kg，然后犁翻扣入土中，栽苗时加施磷、钾肥，每亩约30kg作基肥。甘肃地区每亩施基肥（羊粪、猪粪或灰粪）约3 000kg，然后深耕、细糖整地。内蒙古地区栽前精细整地，按行距50cm、株距40cm挖丰产坑，每亩施羊粪约2 000kg。

（5）适时早栽。晚霜过后，即可栽苗。大连地区4月上旬第一次采苗移栽，半月后可采第二次苗，再隔半月即可采第三次苗，并将剩余母薯同时播种。苗栽适宜密植，每亩可栽6 000株以上，最多达万株。栽苗的方法有立栽、斜栽和水平栽3种。栽苗前开沟，深12~15cm，将幼苗按一定株距直立摆放沟内，犹如栽葱，即为立栽。斜栽是将幼苗以50°左右斜角顺沟放苗。幼苗过长，也可以水平栽苗，将幼苗平放沟内，露出地上茎与叶片。这样入土节间较多，可以多结薯块，增加产量。栽苗时绿叶外露，舒展根系，然后覆土。覆土时将幼苗的床面外露的部分仍露外面，而白根部绝不能外露，这是苗栽成活的关键。干旱地区或墒情不好，最好栽后顺沟浇水（切忌大水漫灌），促进缓苗，提高成活率。

（6）加强管理。栽苗后6~7d，即可正常生长，应尽早中耕培土，保持土壤温湿度，加速生根，促进缓苗。最好栽后3~4d即沿沟边浅锄一次；以后每隔10d左右中耕一次，共3~4次，结合培土2次。一作区生育日数较长，栽后20d左右，可追施入粪尿或化肥。现蕾后，开花期应及时浇水2~3次，追肥1~2次，以充分发挥苗栽的优越性，加强植株生长，促进薯块肥大，提高产量。

第六章

马铃薯主要病虫害及其防治

为害马铃薯的病虫害有300多种，但并不是所有的病虫害都会造成马铃薯严重减产。马铃薯病害主要分为真菌性病害、细菌性病害和病毒性病害。其中由真菌引起的马铃薯晚疫病是世界上最主要的马铃薯病害，几乎能在所有的马铃薯种植区发生。细菌性环腐病在宁南山区严重地为害马铃薯的生产。通常说的种薯退化即为不同病毒引起的多种病毒病所造成的。马铃薯害虫分地上害虫和地下害虫，其中为害比较严重的有地老虎、蛴螬。

第一节 马铃薯真菌性病害

一、晚疫病

1. 症状

在叶片上出现的病斑像被开水浸泡过，几天内叶片坏死，干燥时变成褐色，潮湿时变成黑色。在阴湿条件下，叶背面可看到白霉似的孢子囊枝。通常在叶片病斑的周围形成淡黄色的褪绿边缘。病斑在茎上或叶柄上是黑色或褐色的。茎上病斑很脆弱，茎秆经常从病斑处折断，有时带病斑的茎秆可能发生萎蔫（图6-1）。

2. 发病规律

晚疫病最适宜的发生条件是温度为10~25℃，同时田间有较大的露水或降雨。通过雨水从茎叶上淋洗到土壤里的分生孢子会感染块茎，被感染的块茎有褐色的表皮脱色。将块茎切开后，可看到褐色的坏死组织与健康组织的分界线不明显。感染晚疫病的薯块在贮藏期间会发生普遍腐烂。

3. 防治措施

防治晚疫病，首先要选择抗病品种；其次，播前严格淘汰病薯。一旦发生晚疫病感染，一般很难控制。因此，必须在晚疫病没有发生前进行药剂防治，即当日平均气温在10～25℃，下雨或空气相对湿度超过90%达8h以上的情况出现4～5d喷洒药剂进行防治。例如，可用70%代森锰锌可湿性粉剂进行防治，每亩用量175～225g，兑水后进行叶面喷洒。如果没有及时喷药，田间发现晚疫病植株后，则需要用瑞毒霉（也称雷多米尔，或用甲霜灵）之类的药剂进行防治，每亩用25%瑞毒霉可湿性粉剂150～200g，兑水进行叶面喷施。如果一次没有将病害控制住，则需要进行多次喷施，时间间隔为7～10d。

此外，环境条件也影响晚疫病的传播，为防止块茎感染，应当高培土。如果植株地上部分受到晚疫病侵染，则最好在收获前将病秧割除并清理出田块，防止收获的薯块与之接触（图6-1）。

图6-1 晚疫病为害状

二、早疫病

1. 症状

坏死斑块呈褐色,在叶片上有明显的同心轮纹形状,较少扩散到茎上。因受较大的叶脉限制,病斑很少是圆形的。病斑通常在花期前后首先从底部叶片形成,到植株成熟时病斑明显增加并引起植株枯黄、落叶或早死。腐烂的块茎颜色黑暗,干燥似皮革状(图6-2)。

2. 发病规律

易感品种(通常是早熟品种)可能表现出严重的落叶,晚熟品种抗性较强。植株在容易徒长的不利条件下,例如不良环境、温暖、潮湿气候,或者养分不足时易感早疫病并出现早死。

3. 防治措施

在生长季节提供植株健康生长的条件,尤其是适时灌溉和追肥。叶片喷施有机杀菌剂可以减少早疫病的蔓延。当早疫病较为严重时可用70%代森锰锌可湿性粉剂来防治,用量为每亩175~225g,兑水后进行叶面喷施,如果一次没有防治住,则需要进行多次喷施,间隔10d左右。

图6-2 早疫病为害状

三、黑痣病

马铃薯黑痣病又称"黑色粗皮病""茎溃疡病"。由于该病对马铃薯为害不很严重,并未引起人们的重视。近年来,随着马铃薯产业的迅猛发展,马铃薯种植面积逐渐扩大,重(迎)茬问题较为普遍,在马铃薯种植区黑痣病日趋加重,且发病较为普遍,一般可造成马铃薯减产15%左右,个别年份可达全田毁灭,严重影响马铃薯的产量与品质,阻碍了马铃薯产业的发展。

1. 症状

马铃薯的表皮上形成黑色或暗褐色的斑块,即黑痣病菌核。薯块表皮开始形成淡褐色小斑点,以后逐渐扩大成灰色和黑色不规则大病斑,并产生黑色霉层。严重时失水,皱缩并龟裂。病斑仅限于皮层,不深入组织内部,不妨碍食用和品质,无苦味,但对发芽有影响,商品性差。有些农民误认为是施化肥所致(图6-3)。

2. 发病规律

一种重要的土传、薯块带菌传播的真菌性病害,适宜在30~32℃下传播。夏季雨水多、土壤黏重地块发病重。传播途径为病薯、薯苗带菌,粪肥带菌,流水传播。

图6-3 黑痣病为害状

3. 防治措施

(1)选用无病种薯。培育无病壮苗,建立无病留种田。

(2)实行3年以上轮作制。因为菌核能长期在土壤中存活,只有长时间地与谷物类或牧草轮作,才能降低该病害的发生概率。

(3)浅播种。浅种发芽好的块茎,减少幼芽在土壤中的时间也可减轻为害。

(4)注意排涝。减少土壤湿度。

(5)化学药剂防治。通过施用土壤杀菌剂,如PCNB(五氯硝基苯)混施在种植带上,可降低该病害的发生。待芽块出苗后黑痣病零星发生时,采用持效期较长的内吸杀菌剂(咯菌腈、甲基硫菌灵、多菌灵等)配制成药液喷施或浇灌至茎基部。

第二节　马铃薯细菌性病害

一、黑胫病和软腐病

由欧文氏菌引起的马铃薯病害，在植株上发生为黑胫病，在块茎上发生为软腐病。

1. 症状

当湿度过大时，黑胫病可以在任何发育阶段发生。黑色黏性病斑通常是从发软、腐烂的母薯开始并沿茎秆向上扩展。新的薯块有时在顶部末端腐烂。幼小植株通常矮化和直立。可能出现叶片变黄和小叶向上卷曲，通常紧接着是枯萎和死亡（图6-4）。

当块茎表面潮湿时，软腐细菌可能感染皮孔，引起环形凹陷区，在块茎运输和贮藏时，腐烂可能从这里迅速传播开来。

在田间或贮藏期间，软腐通常发生在块茎机械损伤或者由病虫害引起的损坏之后，感染组织变湿和乳化至变黑和软化，而且很容易与健康组织分离开来。

2. 防治措施

避免将马铃薯种植在潮湿的土壤中，不要过度灌溉。成熟后尽量小心地收获块茎，避免在阳光下暴晒。块茎在贮藏或运输前必须风干。选择抗病性强的品种。发病初期，可以使用一些药剂，如代森锰锌、春雷霉素等进行防治。

图6-4　黑胫病为害状

二、环腐病

1. 症状

往往在中后期发生并伴有萎蔫（通常只是一个植株上的某些茎枯萎）。底部的叶片变得松弛，主脉之间出现淡黄色。可能出现叶缘向上卷曲，并随即死亡。

茎和块茎横切面出现棕色维管束，一旦挤压可能会有细菌性脓液渗出。块茎维管束大部分腐烂并变成红色、黄色、黑色或红棕色（图6-5）。

2. 发病规律

环腐病是一种主要靠种薯传播的病害，它存活在一些自生的马铃薯植株中。细菌不能在土壤中存活，但可能被携带在工具、机械、包装箱或包装袋上。

3. 防治措施

使用无病种薯。在播种干净的薯块之前，要清除田间前茬留下的薯块，严格的无菌操作，并将箱子、筐子、设备、工具消毒。使用新的包装袋。最好能用整薯播种，防止切刀传播此病害。

 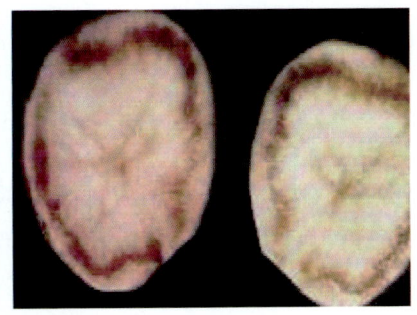

图6-5 环腐病为害状

第三节 马铃薯病毒性病害

一、卷叶病毒病

卷叶病毒病是最主要的马铃薯病毒性病害，在所有种植马铃薯的国家普遍发生，易感品种的产量损失可高达90%。

1. 症状

初期症状是在流行季节由蚜虫传播感染造成，上部叶片卷曲，尤其是小叶的基部。这些叶片趋向于直立并且一般为淡黄色。对许多品种而言，它们的颜色可能是紫色、粉红色或红色。后期感染可能不会有症状。高感品种的块茎薯肉中有明显的坏死组织。次生症状（从被感染的块茎长成的植株）也称继发症状，基部叶片卷曲、矮化、垂直生长及上部叶片发白。卷曲的叶片变硬并革质化，有时背面呈紫色。

2. 防治措施

在种薯繁育时淘汰病株，筛选健康植株。系统杀虫可以降低病毒在植株内的蔓延，但不能防止从邻近田块带毒蚜虫的感染。马铃薯卷叶病毒是已知的可通过热处理来消除的马铃薯病毒。选用脱毒种薯，种植抗卷叶病毒的品种可有效防治该病毒。

二、马铃薯Y病毒病和A病毒病

马铃薯Y病毒病和A病毒病是马铃薯主要病毒性病害。它通过感染的块茎长期存在并由蚜虫非持续性地传播。

1. 症状

马铃薯Y病毒病症状随着病毒株系、马铃薯品种及环境条件有很大变化。脉缩、叶片卷曲、小叶叶缘向下翻、矮化、小叶叶脉坏死、坏死斑点、叶片坏死和茎上出现条纹都是典型的症状。不太敏感品种的反应只是发生轻微的花叶，或者不表现出症状。

马铃薯A病毒病的许多方面类似于马铃薯Y病毒病，它在某些品种中出现时，一般比马铃薯Y病毒病轻。马铃薯A病毒病引起花叶（有时很严重），同时也发生脉缩和卷曲，叶片可能出现闪光。马铃薯A病毒病症状通常较轻，但不易与Y病毒病的症状区分开来。

2. 防治措施

马铃薯Y病毒病和A病毒病可通过无性选择和种薯繁育过程中淘汰病株来防治。选用脱毒种薯和抗性品种对防治该病也非常有效。

三、花叶病

马铃薯叶片的花叶症状可能由多种病毒引起,有时病毒可能单独作用或共同作用产生症状(图6-6)。这些病毒是X病毒、S病毒、M病毒以及马铃薯Y病毒和马铃薯A病毒。

1. 症状

X病毒可引起10%以上的产量损失,损失程度与病毒株系及马铃薯品种有关。它通过带病种薯或接触传染(不是通过蚜虫),通常引起花叶症状。某些品种可能感染轻微且潜伏起来。有的株系可能引起皱缩。某些品种对特定的病毒株系过敏,反应为顶部坏死。

S病毒很普遍,植株感染后可能有轻微的症状,它对产量的影响不大。它通过感病块茎或接触传播,有些株系通过蚜虫传播。感染通常是潜伏的,尽管有些品种表现出轻微的花叶或轻微的脉带。少数易感品种表现出严重的青铜斑驳、坏死甚至落叶。

M病毒没有Y病毒、X病毒或S病毒普遍,关于其对产量的影响所知甚少。它通过感病块茎、接触或蚜虫传播。虽然在一些品种上表现出轻微花叶或重花叶以及叶皱缩,但在某些品种上它通常是潜伏的。在特定的环境下,易感品种的叶柄和叶脉上有坏死斑点出现。

图6-6 花叶病为害状

2. 防治措施

在种薯繁育过程中通过无性筛选和使用脱毒种薯可以防治X病毒、S病毒和M病毒病害的发生。当有明显的症状出现时,淘汰病株是很有用的。抗X病毒的品种很有效。

四、印花叶和奥古巴花叶病毒病

这些病害主要发生在冷凉的条件下，与致病病毒和品种有关。

1. 症状

由几种不同的病毒引起，包括苜蓿花叶病毒（AMV）、奥古巴花叶病毒（PAMV）、烟草环斑病毒（TRSV）和番茄黑环病毒（TBRV）等。症状表现为叶片上有点状、斑块状、斑驳状鲜黄色的斑块或者叶脉周围黄化。在某些情况下，小叶可能完全发黄。可能会引起产量损失，有些病毒可能严重地影响块茎品质，引起坏死（图6-7）。

2. 防治措施

在种薯生产过程中淘汰病株和使用农药消灭病毒的传媒。蚜虫传播苜蓿花叶病毒和奥古巴花叶病毒，线虫传播烟草环斑病毒和番茄黑环病毒。

图6-7 印花叶和奥古巴花叶病毒病为害状

第四节 马铃薯主要害虫

一、地老虎

地老虎是几种夜蛾幼虫的统称，能咬断幼小植株的茎。健壮的灰色幼虫可长达5cm，白天潜伏在植株的基部，靠近地表的块茎偶尔也会被侵害（图6-8）。

防治措施：点状或田间局部感染时，可以集中施用杀虫剂，如90%晶体敌百虫800倍液、40%辛硫磷乳油800倍液、2.5%溴氰菊酯乳油2 000倍液和5%来福灵乳油2 000倍液喷施对防治1～3龄幼虫非常有效。对3龄以上的幼虫或成虫可在黄昏时将含有糠、糖、水和杀虫剂的毒饵放在植株的基部进行诱杀。

图6-8　地老虎幼虫、成虫及为害状

二、金针虫

金针虫是温带地区常见的害虫。胸部长有小足，细小、有光的幼虫生长在地下，可长达25mm。幼虫使块茎表面产生不规则的浅坑，但它们不生长在块茎内部（图6-9）

防治措施：金针虫以不同作物的根系为食，特别是牧草植物。因此，在牧草区种植马铃薯以前必须通过适当的翻耕和作物轮作减少土壤中金针虫数量。在金针虫为害严重时，每亩可用40%辛硫磷乳油200～250mL加细土25～30kg，播种时撒施在种薯旁边。

 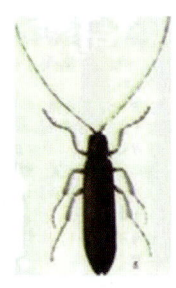 

细胸金针虫幼虫　　沟金针虫成虫（幼虫背部有沟纹）　　褐纹金针虫

图6-9　金针虫

三、蛴螬

蛴螬是金龟子的幼虫。它们有健壮而蜷曲的身体且胸部长了小足，其带来的经济损失是使地下块茎形成较深的空洞（图6-10）。

防治措施：轮作倒茬，深耕土地。播种时可通过使用药剂来防治，每亩用40%辛硫磷乳油200~250mL加细土25~30kg，播种时撒施在种薯旁边可以起到一定的防治效果。

图6-10　蛴螬幼虫、成虫及为害状

四、潜叶蝇

潜叶蝇能侵害许多作物。在过度使用杀虫剂毁灭了它们天敌的地区，潜叶蝇是一种严重的马铃薯害虫。这种蝇体型小，幼虫在叶片内部钻出很多坑道，干燥以后将导致植株死亡（图6-11）。

防治措施：潜叶蝇有较多的自然天敌，应保护天敌。成虫可以用黏性黄色诱捕物诱捕。必须防止植株开花前受到近1/3的为害。如果需要，应当使用对成虫特别有效的药剂。目前，市场上出售的斑潜净是一种很有效的药剂，稀释1 000～2 000倍液，每亩用量25～60g。施药时间最好在清晨或傍晚，忌在晴天施药。施药间隔5～7d，连续用药3～5次。

图6-11 潜叶蝇成虫及为害状

五、蚜虫

经室内镜检，为害当地马铃薯的蚜虫种类主要有桃蚜、鼠李蚜、大戟长管蚜、冬葱瘤额蚜以及麦蚜、玉米蚜等20余种，分类上属同翅目、蚜科。

（一）分布

蚜虫广泛分布于我国各地，其中以华北、西北和东北地区常见。在宁夏地区，广泛分布于固原市的西吉县、泾源县、彭阳县、隆德县、原州区四县一区，一般年份主要有桃蚜、大戟长管蚜、麦蚜、玉米蚜等，干旱年份以鼠李蚜发生量最大。特别干旱的年份，鼠李蚜占总蚜量的90%以上。

（二）为害

蚜虫除直接吸食马铃薯叶片或块茎汁液外，还可传播马铃薯病毒。蚜虫直接为害可使薯叶水分减少，苗期桃蚜取食可使茎的生长严重受阻，影响马铃薯的生长发育。蚜虫传播病毒病常造成产量和品质逐年下降，使马铃薯种性退化，失去作种薯的作用。蚜虫传播病毒病造成的损失远比直接吸食马铃薯植株汁液损失要大得多。由于马铃薯病毒病又能通过种薯传递而为害下一代，这就严重地降低了种薯质量。有的蚜虫还能分泌某些毒素，致使叶片卷缩，并产生斑驳、条斑；在气候干旱时，常使植株和叶片提早衰亡干枯，导致减产。

有翅蚜是在不同田块间迁飞传毒，而无翅蚜则是在一个田块内部不同植株间传毒，从而使马铃薯产生卷叶、花叶、皱缩、条斑、坏死以及矮化、束顶等病害造成减产。一般又常是几种病毒复合侵染，这样产量会降低得更多。

据报道，能够传播一种或几种马铃薯病毒的蚜虫有20余种，但其中大部分种并不栖于马铃薯上，经常栖息于马铃薯上的传毒蚜虫只有几个种，主要有桃蚜、鼠李蚜等，而其中桃蚜和鼠李蚜不仅能传播马铃薯病毒，而且传毒效率也高。桃蚜和鼠李蚜是寄生在马铃薯上的主要种群，因此，传毒效率较高。

（三）形态特征、生活史

1. 桃蚜

（1）形态特征。

无翅孤雌蚜：体长1.2~2.3mm。活体白绿、灰绿、粉红或红色，冷凉条件下体色变为深绿或品红色；无斑纹，表面粗糙。中胸腹岔无柄。额瘤显著，内缘内倾，中额隆起。触角长2.1mm，为体长的4/5，喙可达中足基节。端节长为后跗节2节的0.92~1倍。曲毛6~7根。尾片有毛16~7根。生殖板有短毛16根（图6-12）。

图6-12 桃蚜及为害状

有翅孤雌蚜：体长1.2~2.3mm。头胸黑色，额疣显著并向内倾斜。复眼赤褐色，触角黑色，共6节，第三节上有一列感觉孔，有6~17个，第五节端部和第六节基部有感觉圈1个。腹部淡绿色、黄绿色、褐色或赤褐色。曲毛6根，生殖板短毛7~16根。其余同无翅蚜。

（2）生活史。桃蚜大都以卵越冬。桃蚜可以在李属等多种植物上产卵，但第二年春干母孵化后只能在桃、毛桃、蟠桃、油桃等少数几种植物上成活并发育成熟、繁殖后代。在桃等适宜越冬寄主上的卵，当春季桃树芽苞膨大时，在3月上旬至4月下旬孵化。若蚜经过27d，蜕4次皮成为干母，全为雌蚜，都无翅，大都略带红色，干母在幼叶背面取食，形成卷叶，以孤雌卵胎生繁殖后代。在一般年份，第二代的全部若蚜都发育为无翅孤雌蚜；但当卷叶中蚜群密度很大的条件下，在第二代中也出现少量有翅孤雌蚜。由于卷叶中的蚜群密度逐渐增大，第三代若蚜几乎全部发育为无翅孤雌蚜。5月下旬至6月初，从桃树上迁来的有翅桃蚜在当地尝食马铃薯叶片后，取食定居在马铃薯上建立蚜群，所产生的若蚜，全部发育成无翅孤雌蚜，并仍然继续营孤雌卵胎生多代。当蚜群增殖到一定密度后，若蚜开始发育为有翅型。随着蚜群密度的增长，产生越来越多的有翅桃蚜，它们起飞，并且在其他植株上重建蚜群。继续营孤雌卵胎生生活。秋季天气变凉，在蚜群密度比较大的条件下，在马铃薯上产生另一类有翅蚜，它们起飞迁移，在桃树上建立蚜群，但产生的若蚜发育成有交配产卵能力的真正的雌性蚜。雌性蚜初生时灰绿色，第二龄以后带红色，发育成熟后为砖红色。有翅雄蚜是在马铃薯上由无翅雄性母蚜所产，它们起飞迁移到桃树上与产卵雌性蚜交配。雌性蚜在桃枝芽苞附近或树皮裂缝中产卵，最初灰绿色，以后变黑。以受精卵越冬。依次循环，完成周年生活史。

秋季一部分孤雌蚜可以继续留在马铃薯上，在背风向阳的地方，在风障下种植的蔬菜上，在温室、花房、塑料大棚的植物上，在贮藏室和菜窖中的花卉、蔬菜、马铃薯上也可能有桃蚜的孤雌型越冬。

2. 鼠李蚜

（1）形态特征。这一蚜虫是为害马铃薯的几种蚜虫中个体最小的一种，体长1.3～1.5mm，体宽1.0～1.1mm。躯体色泽为柠檬黄色，天气变冷时，颜色为深绿色。额瘤不显著，不高于内额。触角较长，超过第三节基部直径的2倍，尾片色淡于腹管处，有少于10根的毛。一般栖息于马铃薯中部和底部的叶片上。除特别干旱的年份，这一蚜虫可在整个田块大量繁殖为害使植株提早枯死之外，一般年份只是在田间的个别地点发生。

（2）生活史。卵在鼠李植物上越冬。春季，卵孵化为雌蚜，它又繁殖产生雌蚜，其中，有些雌蚜发育成为有翅蚜。这些有翅蚜迁飞到荠菜、独行菜、百日草和马铃薯等范围极广的夏季寄主上，以孤雌胎生方式产生无翅雌蚜。在适宜的气候条件下，可以每周繁殖一代。晚夏或秋季，出现有翅雄蚜和雌蚜,迁飞回到鼠李上。有翅雌蚜产生无翅雌蚜并与有翅雄蚜交配,产卵于鼠李上,以卵越冬。

(四)生活习性

(1)有翅蚜的迁飞习性。多数蚜虫包括桃蚜在内,对一定的颜色或一定波长的光敏感。蚜虫降落时,对黄或绿等中波光有正趋性,因此,蚜虫大都降落在黄或绿色物体上。蚜虫飞翔速度很慢,无风时,每小时1.3~3.2km,活蚜虫可被风携带到1 500m的高空。桃蚜在15.5℃条件下即有起飞的,但17℃气温下飞得更高。风和雨可以阻止起飞。

(2)蚜虫有探食性特性。蚜虫在接触马铃薯(主要是幼嫩叶片)时,首先在着落点吐出唾液,停一会再在有唾液部位,连同刺吸的汁液和唾液一同吸回,最后才确定是否继续吸食下去,正是由于这个特性,病毒在汁液悬浮中就依靠蚜虫这个主要媒介而传播。所以,一般的农药杀蚜,并不能解决蚜传病毒问题。蚜虫被杀死了,病毒也早已传播了。PVX通过汁液传播后,在马铃薯植株上造成的症状是轻花叶,PVY通过汁液传播后,在马铃薯植株上造成的症状是重花叶,PVX与PVY的重复感染在马铃薯上产生明显的重花叶和斑枯,对产量和品质的影响就严重了。在生产实际中,往往是复合感染,因此,造成成片的马铃薯枯斑坏死,后果相当严重(图6-13)。

图6-13 鼠李蚜为害状

(五)气候对蚜虫田间数量消长的影响

蚜虫在不同年份发生量不同,主要受雨量、气温等气候因子的影响。降雨是蚜虫发生的限制因素。温度可以影响蚜虫发育速度,以25~26℃发育最快。过高的温度,如30℃左右,发育速度缓慢,繁殖能力下降或停止生育。惊扰、冷凉、高温都会使蚜虫失去对寄主的把握力,掉落在地上。据报道,高湿对蚜虫生长或繁殖无直接影响。但当5日平均温度在26℃以上，相对湿度在80%以上时，田间蚜虫数量下降，此外相对湿度小于40%时，田间数量也表现下降。

蚜虫在生活环境良好的条件下，一般产生无翅蚜。当环境或营养条件变劣，如高温、光照延长或不足，相对湿度低、植物水分不够、植株衰老、糖分增加、蛋白质减少，或种群密度大、过分拥挤时，就会产生有翅蚜。

（六）天敌对蚜虫田间数量的影响

蚜虫的主要天敌有异色瓢虫、七星瓢虫、多异瓢虫、二十八星瓢虫、食蚜蝇、蚜茧蜂、草蛉、蜘蛛、寄生菌等。在当地，秋季蚜茧蜂、食蚜蝇、蜘蛛数量较多，可使蚜量下降。

（七）蚜虫防治

（1）利用抗蚜、抗病毒病马铃薯品种。选留和选用无病种薯。种用马铃薯，一般以秋薯为佳，一是腐烂率小，二是薯块较小而匀称，经济实用。作为选留无病种薯，一般用目测法，植株生长健壮，芽眼鲜嫩无病，薯块韧实而鲜壮，同时注意尽量用新窖或未贮存过病株的场所，历经一段时间后，播前对选留的种薯再做一次逐块检查。

（2）黄皿诱杀。利用蚜虫的趋黄性，用黄皿或黄板诱集有翅蚜。黄皿直径18cm，边宽3cm，黄皿相隔5m远，黄皿放在高60cm的架子上，内放超出黄线2cm的深水，加洗涤灵几滴，置于马铃薯田，或用15~20cm^2的黄板诱杀，每亩放黄板20~30块，黄板外涂机油，插在田间，2d记载一次，统计有翅蚜出现的高峰初见期。初见期后2~7d，约为有翅蚜高峰期，即是田间防治适期。

（3）银灰膜驱蚜。在播种或定植前，在田间插竿挂10cm宽的银灰色反光膜驱避蚜虫。在温室、塑料棚通风处悬挂银灰条膜，可避免有翅蚜迁入。

（4）药剂防治。尽量选用具有触杀、胃毒、熏蒸3种作用的农药。在保护地内可进行熏烟，可用杀蚜烟剂，每亩400~500g，点燃冒烟，密闭3h。加强测报，抓住田间蚜虫点片发生阶段或有翅蚜迁飞前进行化学防治。喷药时，由于蚜虫多在下部叶片背面，喷药时应尽量将喷头朝上，将农药均匀地喷到叶片背面。建议在生产上使用5%啶虫脒乳油1 500倍液、3%啶虫脒乳油800倍液、2.5%功夫乳油2 000倍液交替喷雾。在防蚜的同时，做好病毒病的防治。发病初期用1.5%植病灵乳剂1 000倍液或10%吡虫啉可湿性粉剂2 000~4 000倍液喷施，每隔7d喷1次，连喷3~4次，能起到预防和缓解病毒为害的作用。

马铃薯收获后，应及时清除田间、地边杂草，有助于切断蚜虫中间寄主和栖息场所，消灭部分蚜虫。

第五节　马铃薯病虫害综合防治

一、选择抗性品种

选择抗性品种是防治马铃薯病虫害最经济、最有效的措施。由于马铃薯的种质资源十分丰富，可供利用的优良性状很多，经过育种家长期不懈地努力，已经育成了很多抗性品种。目前，可用于生产上的抗性品种有抗晚疫病品种、抗病毒品种等。有些品种能抗一种病虫害或不良环境因素，有些品种还可能同时具备对多种病虫害或不良环境因素的抗性。

在选择抗性品种时，首先要考虑什么是当地马铃薯生产的主要问题。例如，在我国北方干旱地区，在选择马铃薯品种时，首先应考虑对干旱和病毒的抗性，因为这是该地区马铃薯生产中最主要的问题。

二、选用健康种薯

品种确定后，种薯的质量就是决定马铃薯生产最重要的因素了。健康的马铃薯种薯应当不带影响产量的主要病毒；不含通过种薯传播的真菌性、细菌性病害及线虫；有较好的外观形状和合适的生理年龄。

据报道，通过种薯传播的卷叶病毒，严重时可使马铃薯产量下降90%，如果种薯同时带有多种病毒，产量下降比只带一种病毒时更严重。种薯带病是马铃薯晚疫病最主要的侵染来源。带病种薯还可能是马铃薯块茎蛾、金针虫和线虫等的传播源。通过带病种薯可能将马铃薯环腐病传播到无此病害的地区。

在那些尚不能得到高质量种薯的地区，薯农可能通过田间无性系选择获得相对健康的种薯，即标记田间表现健康的植株并单独收获或在田间拔除感病株保留健康株直到收获；经常使用杀虫剂以及在种薯切块时对刀具消毒以减少传染病；避免过多的田间操作以减少病原物接触传播的机会。

三、选择健康土壤

健康土壤是指能提供马铃薯健康生长的环境条件，即土壤具有均衡稳定的水、肥、气、热条件并不含影响马铃薯生长的各种致病因子。

土壤是多种病虫害的温床，这些病虫主要有马铃薯晚疫病、线虫、地老虎和金针虫等。与非寄主作物轮作是一条最有效的防治土传病害的措施。但并非所有的马铃薯生产地区都有条件进行长期轮作（3~5年），因此，一旦出现土传病害很难将土壤恢复到健康状态。

目前可使用熏蒸剂和高温蒸汽对土壤消毒，但只适应面积很小的温室和网室基质的消毒。尚未有可用于大面积土壤消毒的方法。

四、采用适当的耕作栽培措施

根据各地具体的生产条件，采取适当的耕作栽培措施可有效地防治和减少马铃薯的病虫害。这些措施包括改变种植密度、调整株行距、起垄种植、高培土等。此外，马铃薯生长期间的水分管理和养分管理对防止马铃薯空心及其他生理性病害也有重要的作用。

调整播种期，使马铃薯植株避过病虫害的为害高峰时期也是一条有效的措施。例如，避开蚜虫迁飞高峰期可以获得高质量的种薯。

五、及时使用适当的药剂

当无法获得抗性品种或因抗性品种无法提供特殊品质要求时，须根据实际情况对病虫害进行药剂防治。例如，用于薯条加工的品种夏波蒂和用于炸片的品种大西洋，由于目前尚未有可替代的抗晚疫病品种，在种植这两个品种时有必要进行适当的药剂防治以获得较好的收成和较高的经济效益。

在种薯生产中，当蚜虫的群体密度增加到影响质量的时候，就必须使用杀虫剂，以控制虫口的密度。如土壤中存在金针虫等地下害虫，播种时适当地使用杀地下害虫的药剂，对提高马铃薯产量和商品率有很好的效果。

六、保护天敌

天敌可减少农药的使用量并降低生产成本和保持生态环境。较常见的天敌有七星瓢虫和食蚜虫的黄蜂等。为害马铃薯的蚜虫、螨类、粉虱、潜叶蝇等都可以通过增加其天敌来进行有效地防治。在我国许多马铃薯生产区，多年来薯农一直没有使用任何农药的原因可能与他们无意中对天敌的保护有关。

在种薯生产中，进行蚜虫种群密度的动态监测可以最大限度地发挥天敌的作用，即使当虫口密度超过警戒值，在选择施用农药时，也应最大限度地保护天敌不受损害。

七、适时收获和注意贮藏

在收获前1～2周，如果植株没有自然枯死，可以用机械的或药剂的方法将植株地上部分杀死，使块茎的表皮能够充分老化，这样可以抵御收获时的损伤和其他病原物的侵害。特别是当植株感染晚疫病后，应尽早将植株杀死以减少晚疫病对块茎的感染。收获后的块茎应尽量避免暴露在阳光下或长时间堆放在田间，避免高温、雨水以及其他病原对块茎的影响。对商品薯而言，长时间受阳光影响还容易变绿，降低商品质量。

贮藏前应将感病虫害的块茎清理出来，这对贮藏窖的消毒处理和对贮藏期间的病虫害（如块茎蛾）防治有利，还有利于减少贮藏期间病害的传播。

贮藏时尽量做到轻拿轻放，防止损伤，减少伤口。收获15d后入窖，应尽量降低窖温至最适贮藏温度。贮藏期间应定期检查湿度和通风换气，防止窖温过高或过低，一般是保持1～4℃，防止病虫害扩散、蔓延和烂窖。

第七章

马铃薯贮藏保鲜技术

第一节 马铃薯贮藏特性

马铃薯薯块是变态茎,茎上生有许多芽眼,收获后有一个明显的生理休眠期,通常为2~4个月。在此期间,即便外界条件合适,马铃薯的芽眼也不萌芽。但当生理休眠期结束后,如果温度、湿度条件合适,芽眼就要长出新芽。如果外界条件不合适,马铃薯就可以继续处于休眠状态而不发芽,这就是马铃薯的被迫休眠期,它决定着马铃薯贮藏保鲜期的长短。

薯块在贮藏期间对周围的条件非常敏感,特别是对温湿度要求非常严格,既怕低温,又怕高温,冷了容易受冻,热了容易发芽;湿度小,薯块容易失水发皱,湿度大,薯块容易腐烂变质。因此,安全贮藏是马铃薯生产过程中的一个重要环节。所谓安全贮藏,主要有两项指标,一是贮藏时间长,二是商品质量好,达到不烂薯、不发芽、不失水、不变软。因此,要贮藏好马铃薯,必须了解它的贮藏特点、生理变化、贮藏条件,才能有针对性地采取措施,达到安全贮藏的目的。

一、不同品种休眠期长短不同

马铃薯之所以较其他蔬菜耐贮藏,是因为它有一个新陈代谢过程显著减缓的休眠期。但是,不同的品种其休眠期长短是不同的。一般来说,早熟品种的休眠期短,容易打破;晚熟品种的休眠期长,难以打破。短期贮藏时,应选择休眠期短的早熟品种;长期贮藏时,应选择休眠期长的晚熟品种。

二、同一品种成熟度不同休眠期长短不同

同一品种,春播秋收的块茎休眠期较短,而夏播秋收的块茎休眠期较

长，且块茎的休眠期将随着夏播时期的推迟而延长，即幼嫩块茎比成熟块茎休眠期长。因此，长期贮藏的马铃薯，应适期晚播或早收，选用幼嫩块茎贮藏。

三、块茎在贮藏期间减少损伤

新收获的块茎含水量高达75%~80%，薯皮薄嫩，组织脆弱，碰撞、挤压易擦伤破碎，所以在整个收获、运输和贮藏过程中，要尽量减少装运次数，避免机械损伤。

四、新收获的块茎尚处在后熟阶段

此时块茎呼吸十分旺盛，放出大量水分、热量和二氧化碳，重量也随之减轻。如果在温度15~20℃、氧气充足、散射光或黑暗条件下，经过5~7d，块茎损伤部分就会形成木栓质保护层，这样不仅能防止水分损耗，而且能阻碍氧气和各种病原菌侵入。

五、块茎对贮藏条件十分敏感

贮藏时温湿度过高能促进块茎呼吸旺盛，放出大量水分、热量和二氧化碳，使温湿度继续升高，促进块茎提早发芽和造成霉烂。块茎发芽不仅会消耗大量养分，降低种用价值，而且会引起质变，降低食用品质。温湿度过低，块茎容易受冻。

第二节　马铃薯贮藏方式

马铃薯从收获入窖，一直要贮藏到第二年4—5月才播种；食用薯贮藏时间更长，常常要贮藏到新薯下来才能清窖，需要度过漫长的冬春。所以，贮藏期既要注意严冬防寒保温，还要控制暖春窖温上升，不使薯块发芽。根据实际情况，常采用的贮藏方法主要有以下几种。

一、井窖

适宜在土质坚实的地方采用。可选择地势高燥,排水良好,管理方便的地方挖窖。先挖一直径0.7~1m、深3~4m的窖筒,然后在筒壁下部两侧横向挖窖洞,高1.5~2m、宽1m、长3~4m,窖洞底部衬垫通气层,距地面高10~20cm,顶部呈半圆形。窖筒的深浅和窖洞的大小,应根据气候条件和贮藏量的多少而定。一般来讲,窖筒越深,窖温受气温变化的影响越小,温湿度越容易控制。窖洞的大小,主要决定于贮藏量的多少和薯块的堆放厚度,一般来讲,堆放厚度宜薄不宜厚,最厚不能超过窖容量的一半。

贮藏期间要注意检查和管理,入窖初期窖温较高,相对湿度大,可将窖口和通气孔全部打开。当窖温降到1℃左右时,只能在白天的中午通风。严寒期间要密封窖口和通气孔,防止薯块受冻。

二、窑洞窖

选择山坡或土丘的地方挖窖,挖成高2~2.5m、宽1~1.5m、长6m左右的窑洞,有的农户在窑洞的两侧再挖窖洞,窑洞和窖洞的顶部均为半圆形,窖洞底部衬垫通气层,距地面高10~20cm,窖洞的多少和大小根据贮藏量而定。窑洞窖在山坡或土丘上建成,因此,洞顶很难建造通气孔,只能借洞口通风,冬季要堵塞洞口并加盖草帘,以免冷空气侵入,遭受冻害。这种窖的优点是造价低,贮藏量大,出入方便。缺点是通风透气性差,每个窖洞存放量不能超过2/3。

三、"非"字形窑窖

选择地势高燥的地方建窖,窖沟的深浅视当地气候条件而定,一般有地上式和地下式两种。先根据贮藏量的需要挖成"非"字形的沟,然后用砖、石砌成窑洞,窑洞的大小和数量按贮藏量的多少而定。为了保持适宜的贮藏温度,窑洞的顶部要进行盖土,厚度0.8~1.2m。在冬季严寒,冻土层深厚的地方,要适当增加盖土的厚度。这种窖的优点是坚固耐用,通气设备好,容量大,出入方便,便于检查,适于大量贮藏。适合规模较大的加工厂、农场和种薯繁殖场长期贮藏应用。

窖藏马铃薯易在薯堆表面"出汗"(凝结水),在严寒季节可在薯堆表层铺放草帘,以转移出汗层,防止发芽与腐烂。马铃薯入窖后一般不用翻动,但在气温较高地区,因窖温也相对较高,可酌情翻动1~2次,去除病烂薯块,以防腐烂蔓延。

第三节 马铃薯收获与贮藏技术

一、收获

马铃薯在生理成熟期收获产量最高,生理成熟的标志如下。

一是叶色由绿逐渐变黄转枯,这时茎叶中养分基本停止向块茎输送。

二是块茎脐部与着生的匍匐茎容易脱离,不需用力拉即与匍匐茎分开。

三是块茎表皮韧性较大,皮层较厚,色泽正常。

一般商品薯生产应考虑这些情况,尽量争取最高产量。但实际上有的时候不一定在生理成熟期收获。如结薯早的品种,其生理成熟期需到出苗80d,但在60d内块茎已达到市场要求,即可根据市场需要进行早收,这是因品种而异的早收。另外,秋末早霜后,虽未达生理成熟期,但因霜后叶枯茎干,不得不收。有的地势较洼,雨季来临时为了避免涝灾,必须提前早收。遇到这些情况,都应灵活掌握收获期。

二、贮藏技术

马铃薯贮藏的目的主要是保证食用、加工和种用品质。食用商品薯的贮藏,应尽量减少水分损失和营养物质的消耗,避免见光使薯皮变绿,食味变劣,使块茎始终保持新鲜状态。加工用薯的贮藏,应防止淀粉转化为糖。种用马铃薯可见散射光,保持良好的出芽繁殖能力是贮藏的主要目标。采用科学的方法进行管理,才能避免块茎腐烂、发芽和病害蔓延,保持其商品和种用品质,降低贮藏期间的自然损耗。

马铃薯贮藏期间要经过后熟期、休眠期和萌发期3个生理阶段。

后熟期:收获后的马铃薯块茎还未充分成熟,生理年龄不完全相同,需要半个月到一个月的时间才能达到成熟，称为后熟期。这一阶段块茎的呼吸强度由强逐渐变弱，表皮也木栓化，块茎内的含水量在这一期间下降迅速（大约下降5%），同时释放大量的热量。因此，刚收获的马铃薯要在背阴通风处摊开晾晒15d左右，使运输时破皮、挤伤、表皮擦伤的块茎进行伤口愈合，形成木栓层和伤口周皮并度过后熟阶段，然后再装袋入库或窖。

休眠期：后熟阶段完成后，块茎芽眼中幼芽处于稳定不萌发状态，块茎内的生理生化活动极微弱，有利于贮藏。0.5~2℃可显著延长贮藏期。

萌发期：马铃薯通过休眠期后，在适宜的温湿度下，幼芽开始萌动生长，块茎重量明显减轻。作为食用和加工的块茎要采取措施防止发芽，如喷抑芽剂等。马铃薯贮藏过程中，前后期要注意防热，中间要注意防冻。

第四节　马铃薯贮藏管理技术

马铃薯在贮藏期间块茎重量的自然损耗是不大的，伤热、受冻、腐烂所造成的损失是最主要的，因此要采用科学管理方法，最大限度地减少贮藏期间的损失。总的来讲，较低的温度对马铃薯贮藏是有利的。马铃薯最适宜的贮藏温度为1~3℃，最高不宜超过5℃；最适宜的空气相对湿度为80%~85%。一般在适宜的温湿度条件下贮藏，可以安全贮藏6~7个月，甚至更长的时间。安全贮藏必须做到以下几点。

第一，根据贮藏期间生理变化和气候变化，应两头防热，中间防寒，控制贮藏窖的温湿度。入窖初期打开窖门和通气孔，当气温降到-5℃左右时关闭窖门，只开通气孔；当气温降到-10℃左右时，应关闭通气孔。气温升高后，不可随便打开窖门和通气孔以防热空气进入，只可短时间通风换气。

第二，收获、运输和贮藏过程中，要尽量减少转运次数，避免机械损伤，以减少块茎损耗和腐烂。

第三，入窖前要严格挑选薯块，凡是损伤、受冻、虫蛀、感病等薯块不能入窖，以免感染病菌（干腐和湿腐病）和烂薯。入选的薯块应先放在阴凉通风的地方摊晾几天，然后再入窖贮藏。

第四，贮藏窖要具备防水、防冻、通风等条件，以利安全贮藏。窖址应选择地势高燥，排水良好，地下水位低，向阳背风的地方建窖。

第五，食用薯块，必须在无光条件下贮藏。否则，见光后茄素含量增加，食味变麻，降低食用品质。种用薯块，在散光或无光条件下贮藏均可，不会影响种用价值。

第五节 马铃薯药剂保鲜技术

马铃薯保鲜剂是一种采后使用的抑芽、防病药剂，粉剂的使用剂量药：薯为1∶1 000，使用时将粉剂分层均匀撒入马铃薯堆中，上面扣塑料薄膜或帆布等覆盖物，24～48h打开，经处理后的马铃薯在常温下也不会发芽，同时显著减轻病害的发生。此外用α-萘乙酸甲酯或α-萘乙酸乙酯处理马铃薯抑芽效果也很好，每10t薯块用药量为0.4～0.5kg，使用时与15～30kg细土制成粉剂均匀地撒在薯堆中。应在休眠中期进行，不能过晚，否则会降低药效。青鲜素对马铃薯也有抑芽作用，但须在薯块采收前3～4周进行田间喷洒，用药浓度为0.3%～0.5%，遇雨时应重喷。

参考文献

吴林科,郭志乾,王晓瑜,2005.优质马铃薯生产技术[M].银川:宁夏人民出版社.

郭志乾,吴林科,赵永峰,2009.马铃薯优良品种及配套栽培技术[M].银川:宁夏人民出版社.

惠贤,杨国恒,王效瑜,等,2015.马铃薯栽培新技术[M].北京:中国农业科学技术出版社.

附录 马铃薯种薯产地检疫规程（GB 7331—2003）

1 范围

本标准规定了马铃薯种薯产地的检疫性有害生物和限定非检疫性有害生物种类、健康种薯生产、检验、检疫、签证等。

本标准适用于实施马铃薯种薯产地检疫的检疫机构和所有繁育、生产马铃薯种薯的各种单位（农户）。

2 术语和定义

下列术语和定义适用于本标准。

2.1

产地

因植物检疫的目的而单独管理的生产点。

2.2

产地检疫

植物检疫机构对植物及其产品（含种苗及其他繁殖材料，下同）在原产地生产过程中的全部工作，包括田间调查、室内检验、签发证书及监督生产单位做好选地、选种和疫情处理工作。

2.3

有害生物

任何对植物或植物产品有害的植物、动物或病原物的种、株（品）系或生物型。

2.4

限定有害生物

一种检疫性有害生物或限定非检疫性有害生物。

2.5

检疫性有害生物

对受其威胁的地区具有潜在经济重要性、但尚未在该地区发生，或虽已发生但分布不广并进行官方防治的有害生物。

2.6

限定非检疫性有害生物

一种非检疫性有害生物，但它在供种植的植物中存在，危及这些植物的预期用途而产生无法接受的经济影响，因而在输入方境内受到限制。

2.7

马铃薯健康种薯

按照本规程所列方法进行检查和检验，未发现检疫性有害生物，限定非检疫性有害生物发生率符合本规程所定标准的种薯及种苗。

2.8

脱毒种薯

应用茎尖组织培养技术繁育马铃薯脱毒苗，经逐代繁育增加种薯数量的种薯生产体系生产出来用于商品薯的合格种薯。

3 检疫性有害生物及限定非检疫性有害生物

3.1 检疫性有害生物

马铃薯癌肿菌 *Synchytrium endobioticum*（Schilb）Per.

马铃薯甲虫 *Leptinotarsa decemlineata*（Say）

3.2 限定非检疫性有害生物

马铃薯青枯病菌 *Pseudomonas solanacearum*

马铃薯黑胫病菌 *Erwinia carotovors*

马铃薯环腐病菌 *Clavibacter michiganensis*

3.3 各省补充的其他检疫性有害生物

4 健康种薯生产

4.1 种薯种植地的选择

4.1.1 种薯地应选在无检疫性有害生物发生的地区，或非疫生产点。

4.1.2 繁育者于播种前一个月内向所在地植物检疫机构申报并填写"产地检疫申报表"（表1）。

表1 产地检疫申报表

申报号：
作物名称：
申报单位（农户）：　　　联系人：　　　联系电话：　　　地址：

种植地点	种植地块编号	种植面积/亩	品种	种苗来源	预计播期	预计总产量/kg	隔离条件
合计							

植物检疫机构审核意见：

审核人：　　　　　　　　　　　　　　植物检疫专用章
　　　　　　　　　　　　　　　　　　　　年　月　日

注1：本标一式二联，第一联由审核机关留存，第二联交申报单位。
注2：本表仅供当季使用。

4.2 种薯的生产

4.2.1 以脱毒种薯或以三圃提纯复壮后的优良种薯生产合格的种薯，均需附有产地检疫合格证（表2）。

表2 产地检疫合格证

有效期至	年	月	日				
检疫日期	年	月	日		（　）检（　）字第　号		
作物名称				品种名称			
种植面积				田块数目			
种苗产量	kg（株）			种苗来源			
种植单位				负责人			
检疫结果	经田间调查和实验室检验，未发现规程规定的限定有害生物，符合马铃薯健康种薯标准，准予作种用。 签发机关（盖章）　　　　　　　　　检疫员						
注1：本证第一联交生产单位凭证换取《植物检疫证书》，第二联留存检疫机关备查。 注2：本证不作《植物检疫证书》使用。							

4.2.2 播种前将种薯在室温下催芽3周左右，以汰除暴露出来的病薯。

4.2.3 若切块播种，必须进行切刀消毒，方法见附录A。

4.3 防疫措施

4.3.1 马铃薯癌肿病发生区

应在与其他作物轮作的地块，采用脱毒薯作种薯或以抗病品种为主，高畦种植，并彻底拔除隔生薯。

4.3.2 马铃薯害虫发生区

4.3.2.1 种薯繁育地必须实行轮作；播种时用有效药剂对土壤进行消毒。

4.3.2.2 除提前10d左右种植马铃薯或天仙子为诱集带外，种薯地周围2km不得种植马铃薯和茄科植物。

4.3.2.3　诱集带要专人管理，发现马铃薯害虫及时捕灭。

4.3.3　病情处理

4.3.3.1　发现本规程所列检疫性有害生物，必须立即采取防除措施，全部拔除已感染植株并销毁。

4.3.3.2　如发现马铃薯癌肿病病株，必须挖出母薯及已成型的种薯，深埋或销毁。

4.3.3.3　如发现马铃薯害虫类，必须喷药处理土壤，种薯不得带土壤，不得用马铃薯及其他茄科植物的蔓条包装铺垫。

4.3.4　药剂保护

4.3.4.1　防治马铃薯癌肿病：用25%粉锈灵可湿性粉（或乳油）叶面喷雾；25%粉锈灵可湿性粉每亩400～500g拌细土40～50kg，于播种时盖种，或于出苗70%及初现蕾时配成药液60kg，各进行一次喷雾，防止马铃薯癌肿病的发生。

4.3.4.2　防治马铃薯害虫类：2.5%敌杀死、20%杀灭菌酯5 000倍液左右喷雾杀虫。

4.3.4.3　出苗后3～4d开始用药剂常规喷雾，预防晚疫病，保证田间检查和疫情处理准确进行。

4.3.5　窖藏管理

4.3.5.1　入窖前15～30d严格汰除病、虫、烂、伤、杂、劣种薯，并经常翻晾。

4.3.5.2　贮藏窖容器要消毒，不同级别不同品种分别贮藏。

4.3.5.3　通风窖贮存，贮量不超过窖内空间的1/3。窖内温度保持在1～3℃为宜，相对湿度75%左右。

4.3.5.4　"死窖贮藏"，冬季封好窖，严防受冻或受热烂薯。

5　检验和签证

5.1　马铃薯种薯的检验

以田间调查为主，必要时进行室内检验。

5.1.1　田间调查

5.1.1.1　调查时期：分别于苗高20～25cm、盛花期、收获前两周各检查一次。

5.1.1.2　调查方法：在进行全面调查的基础上，根据不同面积随机选点，1亩以下地块检查200株，1亩以上地块检查总株数不得少于500株。

5.1.1.3 为害及症状鉴别：田间病株和薯块症状，以肉眼观察为主，参见附录B。

5.1.1.4 调查结果记入田间调查记录表（表3）。

表3 马铃薯病虫害田间调查记录表

检查项目			检查次数			薯块（收获及入窖前）	检查人员意见
			一	二	三		
日期							
检查方法							
检查数量							
病虫害发生情况	马铃薯癌肿病	株/块					
		%					
	马铃薯青枯病	株/块					
		%					
	马铃薯甲虫	株/块					
		%					
	马铃薯黑胫病	株/块					
		%					
	马铃薯环腐病	株/块					
		%					
调查点							

5.1.2 室内检验

5.1.2.1 田间不能确诊的植株（或薯块），需采集标本做室内检验，方法见附录C。

5.1.2.2 检验结果填入产地检疫送检样品室内检验报告单（表4）。

表4 产地检疫送检样品室内检验报告单

送样人：

对应申报号：	样本编号：	取样日期：
作物名称：	品种及级别：	取样部位：
检验方法：		
检验结果：		
备注：		
检验人（签名）：		
审核人（签名）：		
	植物检疫专用章 年 月 日	

5.2 签证

凡经田间调查和室内检验未发现检疫性有害生物及限定非检疫性有害生物，或最后一次田间调查（含前两次调查曾发现病株已做彻底的疫情处理）限定非检疫性有害生物病株率0.2%以下，发给产地检疫合格证。

5.3 其他要求

5.3.1 以当地植物检疫机构为主，种子管理部门和繁种单位予以配合。

5.3.2 详细填写种苗（薯）产地检疫档案卡，见附录D。

附录A
（规范性附录）
切刀消毒操作程序

A.1 器材

切刀：2把；

搪瓷盆（或塑料大盆）：2个；

大筐（或苇席）1个（或领）；

消毒药液：2 000mL（0.1%酸性升汞、0.1%高锰酸钾、75%乙醇、5%碳酸任选一种即可）。

A.2 操作程序

A.2.1 将兑好的药液倒入盆中，将切刀片浸入药液中。

A.2.2 先取出一把切刀，切一个种薯后，刀放回药液，取另一把切刀切完一个种薯后，再将刀放入药液，如此两把刀交替使用。

A.2.3 切薯块时，边切边观察切面，发现病薯或可疑薯块全部淘汰。

A.2.4 切好的薯块放在清洁大筐里（或苇席上）备用。

附 录 B
（资料性附录）
马铃薯有害生物田间症状鉴别

B.1 马铃薯病害田间症状鉴别

见表B.1。

表B.1 马铃薯真菌、细菌类有害生物田间症状

发病部位	马铃薯癌肿病	马铃薯青枯病	马铃薯环腐病	马铃薯黑胫病
植株	主枝与分枝，分枝与分枝或枝叶的腋芽茎尖等处，长出一团团密集的卷叶状的瘤，形似花叶状，绿色后变褐，最后变黑，腐烂脱落，茎秆、花梗上、叶背和花萼背面长出无叶柄的、绿色有主脉无支脉的丛生小叶。	初期植株部分萎蔫，微黄。晚期严重萎蔫，变褐，叶片干枯至死。横切茎面可见微管束变黑，有灰白色黏液渗出。	现蕾后陆续出现萎蔫型顶叶变小，叶缘向上卷曲，叶色变淡呈灰绿，茎秆一支或数支萎蔫，垂倒黄化枯死，但枯死后叶片不脱落。	苗期20~25cm时表现植株矮化，叶片褪绿黄化，茎部呈黑腐，表皮组织破裂，后期形成黑脚。
薯块	匍匐茎，薯块形成形状不一的瘤，肉质易断，乳白或似薯色，渐粉—褐—黑腐。	病薯切开有灰白色黏液渗出。严重时腐烂。	尾脐部皱缩凹陷，可挤出乳黄色菌脓，多有皮层分裂。	病组织呈灰黑色并常形成黑孔。

B.2 马铃薯甲虫的田间鉴别

B.2.1 成虫：体短卵圆形，长9~11mm，体宽6~7mm，背部明显隆起，红黄色，有光泽。每鞘翅上有5条黑色纵纹。

B.2.2 卵：卵块状，每块一般24~34粒，多的可达90粒，壳透明，略带黄色，有光泽，卵与卵之间为一椭圆形斑痕。卵产于马铃薯及其他寄主叶背面。

B.2.3 幼虫：背部显著隆起，体色随虫龄变化，由褐→鲜红→粉红或橘黄。背部显著隆起，两侧有两行大的暗色骨片，腹节上的骨片呈瘤状突起。

附 录 C
（规范性附录）
几种主要真、细菌病害的室内检验方法

C.1 马铃薯癌肿病的室内检验

C.1.1 显微镜检验

用接种针挑取病组织或作横断面切片，在显微镜下观察，若发现病菌原孢囊堆、夏孢子堆或休眠孢子囊者，为马铃薯癌肿病。

C.1.2 染色法

C.1.2.1 将病组织放在蒸馏水中浸泡半小时。

C.1.2.2 用吸管吸取上浮液一滴放在载玻片上。

C.1.2.3 加1%的铒酸液或0.1%升汞水一滴固定，在空气中干燥，再用1%酸性品红或1%～5%龙胆紫一滴染色1min。

C.1.2.4 洗去染液镜检，若见到单鞭毛的游动孢子即为阳性。

C.2 马铃薯环腐病的室内检验

C.2.1 革兰氏染色

C.2.1.1 试验设备

显微镜、载玻片、酒精灯。

C.2.1.2 试剂

试剂为分析纯，用无菌水配制：

a）龙胆紫染色液：2.5g龙胆紫加水到2L；

b）碳酸氢钠：12.5g碳酸氢钠加水到1L；

c）碘媒染液：2g碘溶解于10mL 1mol/L氢氧化钠溶液中，加水到100mL；

d）脱色剂：75mL 95%乙醇加25mL丙酮，并定容至100mL；

e）碱性品红复染液：取100mL碱性品红（95%乙醇饱和液），加水到1L。

C.2.1.3 取样制备涂片

所有实验用具都用70%酒精擦拭灭菌。

C.2.1.3.1 鉴定植株：植株从地表上方2cm处割断，用镊子挤压直至切口流出汁液，取汁液一滴滴于载玻片上（无汁液用镊子取维管束附近碎组织于载玻片上，加一滴无菌水移去碎组织），加无菌水一滴稀释，风干后用火焰烘烤2~3次固定。

也可从切口处切下0.5cm厚的茎切片，在小研钵中研磨，取一滴汁液按上法固定。

C.2.1.3.2 鉴定块茎：将待检块茎切开，按上法取汁、固定。

C.2.1.4 涂片染色

滴1滴龙胆紫与碳酸氢钠等量混合液（现用现配）于涂片上，染色20s。

滴1滴碘媒染液染20s，滴水洗涤。

滴1滴乙醇、丙酮脱色液，脱色5~10s，滴水洗涤。

滴1滴碱性品红溶液复染2~3s，风干。

C.2.1.5 镜检和结果判定

用1 000~1 500倍显微镜镜检，呈蓝紫色的单个或2~4个集聚的短杆状菌体为革兰氏阳性细菌，为环腐病原菌，染成粉红的即可排除环腐病细菌，判定为革兰氏阴性反应。

C.3 马铃薯青枯病的室内检验

用酶联检测盒进行检测（参考国际马铃薯中心CIP提供的硝酸纤维素膜酶联免疫吸附测定法NCM-ELISA）。

操作硝酸纤维膜，指纹会造成假阳性反应，所以始终应戴手套或用镊子操作。

附 录 D
（规范性附录）
种苗（薯）产地检疫档案卡

地块：

检验日期	作物	品种	种苗来源	播种日期	田间检查发现病株率								室内检验结果
					限定有害生物编号								阳性编号
					1	2	3	4	5	6	7	8	
													检查人
													备注

注：有害生物编号为
1—马铃薯癌肿病；
2—马铃薯甲虫；
3—马铃薯青枯病；
4—马铃薯黑胫病；
5—马铃薯环腐病。